모병제 해야 나라가 산다

모병제추진시민연대 한국방위산업연구소 공저

도서출판 진영사

모병제 해야 나라가 산다

모병제추진시민연대 한국방위산업연구소 공저

김민준, 최기일, 한정빈

2024년 3월 22일 초판 인쇄
2024년 3월 26일 초판 발행
2024년 5월 13일 초판 2쇄 발행

발행인 박 진 영

발행처 도서출판 진영사
인천광역시 부평구 주부토로 236 인천테크노밸리 U1 지식산업센터 B동 1507호
전화 : 032)505-4207
팩스 : 032)505-4206
E-mail : 0183734207@hanmail.net
등록 : 제2007-000001호

ISBN 978-89-6541-650-0 93390
값 15,000원

모병제 전문도서 출판을 기념하며

“인구 감소 및 병력 부족 심화로 단계적 징모혼합형 병역제도 검토해야”

최 기 일
상지대학교 군사학과 학과장
한국방위산업연구소 연구소장
모병제추진시민연대 상임고문

오늘날 신흥안보(Emerging Security) 위협과 신냉전(New Cold War)으로 불릴 정도로 불안정한 국제정세 속에서 전 세계 각국은 군비경쟁에 박차를 가하고 있는 실정이다.

자국의 군사력을 증강하기 위한 차원으로 방위산업 기반 역량을 강화할 뿐만 아니라 전장의 승패를 갈라놓을 이른바 게임체인저(Game Changer)와 같은 신무기 개발에도 열을 올리고 있다.

더욱이 앞으로 시대적인 변화 흐름과 국방 환경의 제반 여건을 고려하여 병역제도 개편이 선제적으로 마련하지 않을 수 없는 상황에 놓여 있다. 이는 국가 병역제도에 따라 국방과 경제, 정치, 사회 등에 미치는 파급영향이 심대하기 때문에 무엇보다 중요하게 고려되어야 할 부분이겠다.

평화를 지키기 위해서는 강력한 군사력이 반드시 전제되어야 하는 것인 만큼 고도의 첨단 전략 무기체계를 개발하기 위한 방위산업 육성과 함께 병역제도 개편 모색이 시급하게 요구되는 시점인 것이다.

◇ 인류 역사를 대변하는 전쟁은 인간 본성의 보편적인 활동 수단으로 인식

인류의 역사는 전쟁의 역사라고 해도 과언이 아닐 정도로 무수한 전쟁을 통해 눈부신 과학기술 발달과 함께 찬란한 문명의 발전을 거듭했고, 전쟁의 역사를 무기의 역사로도 일컫듯이 무수한 전쟁을 통해 과학기술의 발달을 촉진하게 되면서 수많은 무기가 개발될 수 있었다.

역사에도 기록되지 않은 지구상에 태초에 인류가 처음 태어나서부터 자연의 법칙에 따라 생존을 위한 끊임없는 투쟁의 연속이 이어졌을 것으로 본다. 말 그대로 본능적인 적자생존과 생명을 유지하기 위한 원초적인 수준의 싸움을 벌이기 시작했던 것이다.

인류 문명이 발현되기 시작한 5,000년 전 동서양에서 현세 인류 문명의 토대가 마련되고, 본격적인 전쟁의 역사가 기록된 시점인 기원전 30세기부터 기원후 21세기까지 이어진다.

전쟁은 인류의 역사상 가장 보편적인 활동이었으며, 전쟁을 담당하는 군대는 오랫동안 인간 공동체의 중심이었다. 즉, 전쟁이란 인간 공동체의 상호작용에 의한 보편적 활동이라고 정의할 수 있다.

본디 인간은 생존과 자아보존이 1차적인 본능으로 공동체를 구성하기 시작한 이래 국가 존립과 번영에 대한 기본적인 본능의 연장선상에서 군대, 전략 및 전술, 무기체계를 필요로 했다. 그리고 이러한 기본적인 본능에 소홀했던 국가들의 말로는 엄청난 고통과 불행을 겪고서 역사의 뒤안길로 사라졌다.

미국의 철학자이자 사학자인 윌 듀런트(Will Durant)는 본인의 저서 '역사의 교훈(The Lessons of History)'에서 역사에 기록된 3,421년이라는 기간 동안에 전쟁이 없던 해는 단 268년으로 전체 기간의 약 7.8%에 불과하다고 분석한 바 있다.

◇ 18세기를 거쳐 제1, 2차 세계대전 후 현대전에서 전쟁의 수행 개념 변화

동서고금을 불문하고 다양한 사회와 국가마다 국가 방위를 위해 군사 및 병법연구가 활발히 이루어져 왔다. 본격적인 전쟁의 역사가 기록되기 시작한 고대시대를 기준으로 지리적으로 동양과 서양으로 나누어 현대에 이르기까지 전개되어 왔다.

18세기 무렵에는 현대적인 군제와 다양한 각종 무기들이 만들어지게 되면서 제1, 2차 세계대전을 통해 인류가 종전까지는 겪어보지 못한 대량파괴와 대량살상으로 얼룩진 대규모의 전쟁을 치르게 된다. 여지껏 인류가 벌일 수 있는 전쟁의 역사를 통틀어 최악의 수준에 이를 정도로 전쟁의 참혹한 참상을 목도하게 된 것이다.

현대전은 일종의 국가총력전(Total War) 형태라고 정의하는데, 이는 한 국가의 인적 및 물적자원이 단기간에 총동원되어 상대국과의 전쟁에 투입된다는 의미이다. 하지만, 오늘날 국가 간 전쟁은 단순하게 한 나라와 나라 간 전쟁에만 그치는 것이 아닌 이념적인 아이돌로기(Ideology) 충돌로서 국가 간 동맹이나 연합체제 기반 하에서 진영대립에 따른 대리전 양상으로 나타난다는 특징이 있다.

오늘날 현대전에서는 종전까지 전쟁에서의 대규모 파괴 또는 대량 살상 형태가 아닌 적 전쟁지도부 내지는 필수 기간 산업체나 일반 민간 대중을 대상으로 타격함으로써 기능적 및 심리적 측면에서 효과적으로 전장을 통제할 목적의 형태로 전쟁이 수행된다.

기본적으로 현대전에서는 이처럼 전쟁 수행개념과 전투방식에 대한 패러다임(Paradigm)의 변화가 일어나고 있는데, 2022년 2월 24일 발발한 우크라이나와 러시아 전쟁과 2023년 10월 7일 벌어진 이스라엘과 하마스 전쟁에서 현대전 특징을 잘 보여주고 있다.

◇ 인구 절벽시대에 저출산 및 고령화 가속화로 장교 모집마저도 미달 사태

우리나라는 저출산과 고령화 위기 속에 인구 절벽이라는 엄혹한 현실에 놓여 있는데, 전 세계에서 출산율 최저라는 오명으로 2070년대에는 인구가 1천 7백여만명 가량 감소되어 약 3천만명대로 감소될 것이라는 예측까지 나왔다.

급기야는 당장 10년 안에는 여성 징병제를 도입하여 시행하더라도 군 병력이 부족할 것이라고 발표된 데다 현행 인구 감소 추세를 대입할 경우에 2200년이 도래하기 이전에 인구 소멸로 인하여 대한민국이 결국 사라질 것이라고 분석됐다.

최근 2년 동안 전국에 소재한 주요 육군 협약 군사학과들이 수시와 정시모집에서 역대 유래 없는 초유의 정원 미달 사태까지 발생했다. 이는 비협약 군사학과들이 상대적으로 신입생 모집에서 90% 이상의 양호한 입시성적을 나타낸 것과 대조적이라는 것에서 다소 특이한 점으로도 분석된다.

이처럼 군사학과 신입생 모집에 어려움을 겪는 배경에는 1차적으로 인구 감소라는 불가항력적인 요소가 작용되면서 학령인구 급감이라는 상수가 존재하나, 대학에서 중요한 컨센서스(Consensus) 지표 중 입학률, 등록률, 취업률에 있어 전국에 군사학과를 운영 중인 대학들의 재학생 자퇴 등 이탈에 따른 등록률 감소 현상도 주목할 수 있겠다.

일례로 최근 5년 간 육군사관학교를 중도 퇴교하는 자퇴 인원 현황을 눈여겨볼 수 있다. 2022년에는 무려 63명이 육군사관학교 자퇴를 한 가운데, 한 학년 입학정원 330명 대비 1학년 중 자퇴한 생도가 32명으로 약 10%에 달했다.

아울러, 육/해/공군 및 해병대 학군장교(ROTC), 학사장교 등의 군장교 선발전형 지원인원 감소와 경쟁률 저하 현상이 가속화되는 대목과도 맥락이 이어지고 있음을 주의 깊게 살펴볼 필요가 있다.

◇ 군 초급간부로부터 장병 모집에 제동 걸려 현역 입영대상자 98%가 징집

비단 군 초급장교 모집에만 비상이 걸린 것은 아니다. 부사관을 포함한 공군과 해병대 등은 모병 지원인원 미달로 인해 어려움을 겪자, 해군은 수상함 6척을 투입해 수병 없이 간부로만 함정 운영이 가능한지 시범 운항에 나섰다.

윤석열 대통령이 대선 공약으로 제시한 병 봉급 205만원 인상안이 쏘아 올린 초급간부 모집 비상사태가 뒤이어 장병 모병인원에 이르기까지 군의 징집에 어려움을 겪자 현행 징병제 한계를 개선해야 한다는 의견도 힘이 실리고 있다.

하지만, 인구 감소에 따른 병력 부족 문제는 이해되지만, 모병제 도입은 남과 북이 분단되어 대치하고 있는 특수한 안보 상황을 고려해야 하기에 상비병력 감소가 자칫 안보 공백을 야기할 수 있다는 우려를 제기하는 반론이 앞선다.

이에 국방부와 병무청은 부족한 병력자원을 충원하기 위해 현역 입영대상자 신체검사 판정기준을 완화하면서 병역처분 기준에 학력 사유도 폐지하여 초등학교조차 졸업하지 않은 만 19세 이상 남성까지 현역 입영대상에 포함했다.

게다가, 병역의무자는 병역 판정검사 결과에 따라 1급부터 7급까지 신체등급 판정을 받게 되는데, 이제는 소아마비와 뇌성마비 환자까지 면제등급이 아닌 군 복무 판정을 받게 됐다.

이러한 정부의 비상조치에 따라 병력자원이 감소하는 상황 하에서도 현재의 상비병력을 유지해야 한다는 주장이 여전한 가운데, 징병대상자 100명 중에 98명이 현역 입영대상자로 판정되어 98% 징집률을 기록할 것이라고 분석된다.

이는 제2차 세계대전 당시에 전쟁 막바지였던 1945년 일본의 징집률이 90%, 독일 78%, 미국 60% 수준에 그쳤던 것과 비교해서만 보더라도 상당히 황망한 결과치로 여겨질 수밖에 없다.

◇ 현행 징병제 보완한 모병제 확대 개념 '한국형 스마트 모병제' 도입 촉구

우리나라는 1945년 해방 직후에 창군 초기 미 군정청 시절에는 모병제를 시행했다. 그 뒤 헌법에 입각한 병역법이 1949년 8월 6일 법률 제41호로 제정되어 1950년 2월 1일 병역법 시행령이 대통령령으로 공포되어 오늘날까지 징병제가 시행된 것이다.

미국은 남북전쟁 시절로부터 제1, 2차 세계대전과 베트남 전쟁 당시 징병제를 시행했는데, 평시에는 모병제이나 전시와 같은 유사시에는 징병제로 전환되는 일종의 '징모혼합제' 형태의 병역제도로 운영되고 있다.

이른바 '한국형 스마트 모병제'는 현행 징병제를 보완해 모병제를 단계적으로 시행하는 개념으로 제도 도입 초기에는 징집 장병 중 부사관이나 군무원으로 전환하여 초급간부를 안정적으로 인력 확보함과 동시에 선진국형 예비군 동원 제도까지 포함하여 병역제도 전반을 선순환 구조화하여 운영하는 것을 말한다.

최근 2030세대를 대표하는 MZ세대 중심으로 사회적 화두로 쟁점이 된 모병제 도입뿐만 아니라 여성 징병제까지 회자되고 있다. 영원히 시기상조일 것이라는 모병제와 양성평등에서 남녀갈등의 정점인 여성 징병제에 대한 논쟁 이전에 현실태를 제대로 진단하여 실질적인 대안이 제시되어야 할 것이다.

즉, 모병제 전환을 위한 병역제도 개편 논의는 문제에서 위기가 된 병력 부족 상황을 단순한 망상과 이상의 이분법적 소모적으로 접근하기보다 실현 가능한 해법이 절실히 요구되겠다.

한 나라의 국력(National Power)은 국가안보를 달성하는 수단이자 곧 목표가 되는데, 국력을 가늠하는 가장 중요한 척도로서 "국력은 인구에 있다"라는 말처럼 '인구(Population)'가 중요하겠다.

미래 국방 환경은 지속적인 출생률 저하로 병력 가용인력 부족 현상에 따라 이를 대체할 수 있도록 전투 및 비전투 분야에 있어 효율적으로 첨단 무인화 전력을 배치하여 운영해야 할 것이다.

장차 '한국형 스마트 모병제' 도입을 점진적이면서 단계적으로 도입함으로써 인구 감소에 따른 병력 부족을 대체하는 숙달된 전문병을 모집함과 동시에 군 초급간부 인력를 확보하여 선진화된 예비군 동원제도까지 제고할 수 있을 것으로 기대된다.

아울러, 첨단 무기체계 운용부터 미래 전투에서 특화된 강한 군대를 육성해야 할 것이다. 미래 국방은 무인화와 스마트화로서 인공지능(AI) 기반의 무인화 된 첨단무기가 중심이 된 숙달된 전문병과 초급간부로부터 유능한 지휘관에 이르기까지 "작지만 강한 군대"로 체질 개선을 도모해 나아가야 하겠다.

금번 모병제 도입과 병역제도 개편을 위한 전문도서가 출판되게 된 점을 사단법인 모병제추진시민연대 상임고문으로서 한없이 기쁜 마음입니다. 다시 한번 도서 출간을 거듭 축하와 감사의 인사말씀 올리는 바입니다.

◀최기일 프로필▶

상지대학교 입학처장, 상지대학교 국가안보학부 학부장 겸 군사학과 학과장, 상지대학교 평화안보상담심리대학원 안보학전공 주임교수, 한국방위산업연구소 소장, 통일안보전략연구소 명예이사장, 모병제추진시민연대 상임고문, 대통령 직속 민주평화통일자문회의 자문위원, 대한민국 방위산업전 추진위원·홍보대사, 한국유권자중앙회 국민선거감시단, 국방대학교 국방관리대학원 교수, 건국대학교 산업대학원 겸임교수, 대법원 법원행정처 전문심리위원·특수분야감정인, 더불어민주당 제21대 총선 인재영입(11호)·선거대책위원회 세계5대강군위원회 공동위원장, 더불어민주당 과학기술혁신특별위원회·국방안보특별위원회 수석부위원장, 청와대 국가안보실 행정관 外

프롤로그

"징병제는 군대도, 안보도, 경제도, 문화도 무너뜨리고 있다."

21세기 한국 징병제의 실상과 한국군의 내부 부조리를 단 한 문장으로 정리한다면, 이렇게 정리할 수 있을 것이다. 인구 감소와 함께 징집률이 상승하면서 징병제는 더 이상 유지될 수 없고, 유지되어서는 안 된다는 것이 점점 드러나고 있다. 모병제추진시민연대(이하 본 단체)는 병역 제도 개편의 필요성이 갈수록 증대되고 있는 시점에 여성 징병제를 요구하는 목소리가 결코 무시할 수 없을 정도로 커지고 있다는 현상 자체를 우리 사회의 위기라고 인식해야만 한다는 것을, 그리고 징병제라는 개념 자체에서 하루 빨리 벗어나야 한다는 것을 알리고자 해당 도서를 제작하였다. 우선 이 책은 본 단체 차원에서 서술되었기 때문에 모병제추진시민연대라는 단체가 어떠한 시민 단체인지, 어떠한 활동을 이어 나가고 있는지 제일 먼저 소개함으로써 본 단체의 목표 지향점이 무엇인지, 이 책의 서술 의도가 무엇인지 강조하는 것으로 시작할 것이다. 그 다음 한국의 징병제가 언제부터 시작되었는지, 징병제가 본연의 한계점을 드러내기 시작한 까닭이 무엇인지, 무슨 이유로 징병제가 유지 불가능한 환경에 우리 사회가 도래하게 되었는지를 개략적으로 설명하고, 구체적으로 징병제라는 문제점이 어떠한 악영향을 경제/사회/문화적으로 끼치고 있는지를 다룰 예정이다. 이렇게 징병제가 그 자체로 심각한 부조리이며 반드시 혁파하여야 하는 병역 제도라는 것을 1차적으로 설명한 뒤, 일반적인 대중이 가지고 있는 모병제에 대한 편견과, "여성 징병제" 라는 제도는 결단코 대안이 될 수 없다는 것을 상세한 근거를 들어 2차적으로 강조하는 단계로 돌입하게 된다. 특히 한국의 모병제 도입에 대한 찬반 논쟁은 한 번 펼쳐졌다 하면 그 열기가 상당히 뜨거워질 정도로 한국 사회를 관통하는 핵심 정치 시사 문제 중 하나라고 해도 과언이 아닌데, 모병제에 대한 편견이 어떤지를 명확히 함과 동시에 그에 대한 반론을 구체적으로 서술함으로써 모병제가 왜 유일한 대안이라는 것인지 명확히 할 것이다. 그리고 모병제 도입이 가져오는 경제적 효과, 외교 안보적으로 취할 수 있는 이득, 사회/문화적 측면에서의 긍정적 효과까지 다각적으로 추산한 내용을 이어서 서술하여 본 단체가 제시하는 근거에 대한 신빙성을 높이고, 모병제의 당위성을 강조할 것이다. 또한 "모병제가 이러이러해서 좋다는 건 알겠는데, 도대체 수십년 간 엄두도 못 낸 모병제를 어떻게 도입할 건가?" 라는 의문점과 우려를 해소하기 위하여 모병제를 도입하기에 앞서 어떤 편제 개편이 선행되어야 하는지, 어떤 제도 개혁이 병행되어야 하는지, 어떠한 준비 과정을 밟아야만 하는지 하나하나 다룰 것이다. 본 단체가 서술한 제도 개혁안은 정규군에 국한되지 않고 예비군 및 민방위에 대한 개혁안도 포함하였다. 그리고 최종적으로는 모병제 도입을 위해서 입법부(국회)와 행정부(정부)가 어떠한 절차를 밟아 나가야 하는지를 관련 법령과 함께 다루면서, 모병제를 어떻게 항구적으로 정착시켜야 하는지에 대하여 본 단체가 어떠한 견해를 취하고 있는지 또한 같이 서술하였다. 본 단체는 이 도서를 통하여 병역 제도가 단순히 안보에 국한되는 주제가 아니라는 점을 명확히 하고, 징병제가 현 시점부터는 경제적 측면에서도, 사회/문화적 측면에서도, 외교/안보적 측면에서도 이득을 창출해낼 수 없으며 도리어 징병제는 그 특성상 현대 사회에서는 오래 유지될수록 사회 전체에 막대한 손해를 끼쳐 한국을 돌이킬 수 없는 위기로 몰아가고 있다는 점을 강조하고자 한다. 수십년

간 한국군의 수많은 부조리와 사건 사고의 원인으로 지목되었음에도 불구하고 분단 국가라는 이유로 어쩔 수 없는 필수불가결로 받아들여지던 징병제를, 한국 사회가 부조리의 세습으로부터 쉽사리 벗어나지 못하게 하는 가장 큰 원인인 징병제를, 이제 우리는 모조리 깨뜨려야 한다. 더 이상 진보의 때를 시기상조라는 단어로 미루고 있어서는 안 된다. 인구 감소와 장기 저성장 시대로의 진입, 그로 인한 청년 경제의 침체와 현대 전쟁 패러다임의 근본적 변화까지, 우리 사회는 지난날과는 180도 달라진 새로운 지평을 맞이하고 있으며 변화한 환경에 맞는 새로운 병역 제도로 새롭게 시작해야만 한다는 당면 과제가 생긴 것이다. 이제 우리 사회는 새로운 도전을 감행해야 하며 그 시작은 완전 모병제라는 것을 지금부터 하나씩 구체적으로 설명해보고자 한다.

-새로운 2024년을 시작하며, 모병제추진시민연대가-

목차

Ⅰ. 모병제추진시민연대 소개

Ⅱ. 징병제 실태와 징병제의 문제

Ⅲ. 모병제에 대한 각종 통념 및 이에 대한 반박

Ⅵ. 모병제와 그 이후

부 록

I

모병제추진시민연대 소개

1. 모병제추진시민연대 개요

I

모병제추진시민연대 소개

1. 모병제추진시민연대 개요

본 단체는 2020년 8월에 설립된 단체로써, 징병제 폐지를 요구하는 시위를 개최하고 주요 정치인 면담과 더불어 헌법 소원 청구, 군사 전문 학술단체 한국방위산업연구소와의 업무협약, 병역제도 개편에 관련한 간담회, 토론회 개최 및 참여 등의 모병제적 요소 도입을 거쳐 궁극적으로는 완전 모병제의 항구적 정착이라는 목표를 설정하고, 이를 실현시키기 위하여 전방위적 활동을 전개하고 있는 비영리 임의 시민단체이다.

본 단체에서 활동하는 회원의 구성은 징병제로 인하여 군대에서 아들을 잃은 유가족, 군인 등으로의 복무를 마치고 예비군에 편성된 인원, 병역판정검사 결과 1~4급 사이의 결과를 받고 군인 등으로의 복무를 앞두고 있는 인원, 병역판정검사 결과 5~6급 면제판정을 받은 인원, 미성년자, 여성에 이르기까지 매우 다양한 각계 각층의 시민들로 구성되어 있다.

이러한 단체 회원 구성에서 알 수 있는 본 단체의 가장 큰 특징은 단체 가입시에 병역 여부, 학력, 성별을 포함한 일체의 제한 사항을 두지 않고 있으며, 오로지 징병제 폐지 및 모병제 도입이라는 공통된 목표를 가지고 본 단체의 활동에 동참하고자 하는 시민이라면 누구나 단체 회원으로 모집하고 있다는 것이다. 이 점은 다른 시민단체와 모병제추진시민연대의 큰 차이점이라고 할 수 있다. 병역 여부, 학력, 성별 등 모든 제한 없이 다양한 사회적 위치와 정체성을 가진 사람들을 모두 단체 회원으로 모집하는 정책을 견지하는 이유는 가능한 한 많은 시민들을 회원으로 모집하여 최대한 다양한 의견을 단체 운영 및 방향성 정립에 반영하기 위함이며, 또한 모병제 도입을 위해 활동하는 시민단체라는 본연의 목적과 대표성을 유지한다는 목적을 달성하기 위함이다. 아울러 각계각층의 다양한 모병제 도입 요구를 모두 반영해야 한다는 가치를 지키는 것 또한 본 단체가 중요하게 생각하는 단체 운영 방침이자 방향성이기에, 이처럼 단체의 개방성을 일관되게 유지하고 있는 것이다.

본 단체의 일반회원 수는 2024년 2월 말 기준으로 약 60명 정도이며, 본 단체의 유튜브 채널 구독자 수는 약 440명 정도이다.

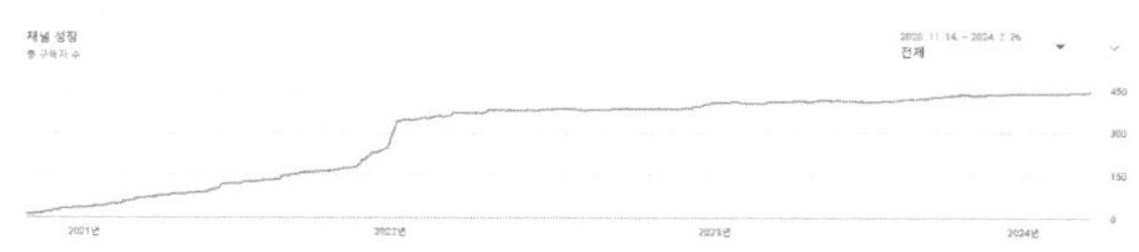

본 단체는 인터넷 커뮤니티, 소셜 미디어 서비스, 유튜브 플랫폼 활용의 중요성을 인지하고 있으며, 온라인 여론의 현황을 파악하고 수집한 데이터를 바탕으로 모병제를 위해 정치권에 제안할 정책 제안의 틀을 수립하고, 단체 운영의 방향성을 잡아 나갈 수 있도록 노력하고 있다.

단체 차원에서는 모병제에 대한 대중의 이해를 돕고자 소셜 미디어 서비스 플랫폼을 활용하여 다양한 컨텐츠를 제작하고자 노력하고 있으며, 본 단체 산하 영상제작팀에서는 모병제 도입에 대한 긍정적인 여론을 형성하기 위해 징병제의 폐해 및 모병제 도입의 당위성을 담은 다양한 영상을 제작하여 유튜브에 게시하는 등의 활동을 전개하고 있다.

또한 본 단체는 연령대를 가리지 않고 많은 사람들이 보편적으로 이용하는 인터넷 커뮤니티에 영향력을 투사하고 있으며, 모병제에 대한 토론의 장을 만들고 이를 활성화하여 상술하였듯 “각계각층의 모병제 도입 요구를 모두 반영하기 위해” 배전의 노력을 기울이고 있다. 또한 온라인 커뮤니티에서 병역제도 개편에 대한 의견을 수집하고, 본 단체의 모병제 도입에 관한 의견을 커뮤니티에 개진하여 온라인 여론을 주도하고자 노력하는 데에도 단체의 역량을 투사하고 있다.

상술한 활동 외에 본 단체의 다른 활동으로는 모병제 보고서 제작, 모병제를 주제로 한 도서 집필 및 출판이 있으며 부수적으로 징병제 폐지 및 모병제 도입을 촉구하는 기자회견 또한 병행하고 있다.

II

징병제 실태와 징병제의 문제

2. 대한민국이 70년 이상 유지해온 징병제의 역사와 실태
3. 징병제가 더 이상 불가능한 이유

Ⅱ

징병제 실태와 징병제의 문제

2. 대한민국이 70년 이상 유지해온 징병제의 역사와 실태

이번 장에서는 대한민국이 70년 이상 유지해온 징병제의 역사와 그 실태에 대해 대략적으로 서술해보고자 한다. 우선 한국의 징병제 역사를 요약하면, 병역 제도는 국가 방위의 필요성이 증대되는 과정에서 시작되었다고 볼 수 있다. 대다수의 사람들이 자세히 알지 못하는 사실이지만 대한민국은 건국 당시 병역 제도를 모병제로 시작하였다. 광복 직후 제 2차 세계대전의 여파로 인해 모병제로 군 운용을 시작하게 되었으며 1949년 8월 6일에 병역법 법률이 시행되었다. 오늘날의 징병제 기초는 6.25 전쟁 발발 직전인 1950년 2월 1일에야 병역법 시행령을 통하여 일부 세워졌으며, 그마저 얼마 안 있어 다시 병역제도는 모병제로 환원되었다. 한국에 징병제가 확고히 자리잡게 된 것은 6.25 전쟁이 발발한 이후이며, 한국전쟁 발발 이전에는 지금과 같은 징병제가 제대로 시행된 바 없었음을 알 수 있다. 강제 징병 등의 전범행위를 저지른 일제가 패전하고 물러난 지 몇 년 되지 않았기에 징병제를 섣불리 고려할 수 없던 상황이었으며, 실제로 이승만 정부는 징병제를 도입한 이후에도 지금의 상황과는 다르게 여타 선진국처럼 병역제도를 상당히 느슨하게 운영하였고, 이승만 대통령 역시 미국식 정서에 익숙하여 모병제에 적대적인 스탠스 또한 아니었음이 사실이다. 그러나 박정희 정부가 시작된 이후 한국의 징집률은 눈에 띄게 올라가기 시작하였으며, 모병제 도입을 주장하는 것 자체로 공산주의자, 소위 "빨갱이" 로 몰려 탄압당하는 불상사까지 일어나게 되었다. 모병제에 가장 적대적인 스탠스를 유지했던 박정희 정부는 역대 정부를 통틀어 가장 긴 기간, 무려 18년 동안이나 유지되었기 때문에 이러한 기조가 크게 변하지 않은 상태에서 80년대 이후 청년 인구 감소 문제에 직면하기까지 하며 군 복무에 적합하지 않은 사람들까지 점점 군대에 징집당하기 시작하였고, 이는 2024년 현재에도 진행중인, 오히려 과거보다 갈수록 심각해지는 문제에 해당한다. 한국 징병제의 역사란 곧 6.25 전쟁 당시 상황과 일맥상통하는 면이 분명히 있다. 당대 한국의 어렵다 못해 바닥이었던 경제 사정과, 공산권 국가들의 지상전력 지원으로 인해 당대 한국보다 강한 육군을 보유할 수 있었던 북한의 기습 남침 등 절체절명의 위기까지 몰렸던 사실이 맞물리면서 징병제는 전 국가 사회에 "어쩔 수 없는, 필수불가결한 희생" 이라고 규정되었으며 이는 박정희 정부 이후 지금까지도 완전히 벗겨지지 않은 고정 관념에 해당한다고 볼 수 있다. 20세기 후반~21세기 초반에 들어서면서 북한이 고난의 행군 이후 실질적인 재래식 전면적 능력을 상실했다고 평가받는 동시에, 청년 인구의 감소 추세가 맞물리면서 노무현 정부가 처음으로 전문하사 제도를 도입하였으며, 이후 이 제도가 발전하면서 임기제부사관 제도로 정착하는 등 모병제에 미약하게나마 다가가는 성과를 이루기도 하였다. 그리고 문재인 정부에 들어서는 국방개혁 2.0으로 인해 복무기간이 육군 기준 1년 6개월로 단축되었으며, 이기식 병무청장이 직접 23년 7월에 "복무기간 연장은 불가능하다" 라고 발언한 것으로 보아 1년 6개월의 복무기간은 징병제가 폐지될 때까지 이어질 것으로 보인다. 이러한 역사를 바탕으로 현재 한국 징병제의 실태에 대하여 언급하자면, 분명히 21세기부터 임기제부사관 등의 모병제적 요소를 도입하는 성과는 일부 있었지만, 과거 2차대전기 전범국조차 범접하지 못하였던 징집률을 현재 기록하고 있다는 점에서 징병제 자체의 큰 틀은 박정희 정부 이래 변하지 않았다. 과거 70~80년대까지만 해도 "58년생 개띠" 로 대표되는 베이비붐 세대가 압도적인 출산율을 바탕으로 청년 인구층을 형성하고 있었고, 그랬기에 징병제를 시행하고 있음에도 불구하고 징집률에 있어서 지금처럼 황망한 수준의 수치가 나올 일도, 나올 필요도 없었다. "둘만 낳아 잘 기르자" "둘도 많다!" 등의 표어가 유행하던 시절이었으니 사회 전체의 생산 인구 부족 문제 또한 없었음은 물론이다. 그러나 90년대 이후 저출산 고령화 시대가 도래하면서, 출산율이 1은 커녕 0.5에 근접하는 심각한 인구 감소 추세에 한국이 접어들게 되었고 그 결과 목표하는 병력 수를 채우기 위하여 군인으로써 제대로 된 복무를 기대할 수 없는 신체적, 정신적, 경제적, 사회적 어려움을 가진 사람들이 "남자" 라는 이유로 군대에 징집당하게 되었다. 그 결과는 멀리 갈 것도 없이 파주 장병 칼부림 사태 등으로 알 수 있듯 병력의 질적 수준 하락으로 이어졌다. 과거에는 50만 명의 병력 수가 "전쟁 발발 시 실전에 투입될 수 있는" 50만 명이었다면, 지금의 50만 명은 "전쟁 발발 시 실전 투입이 어렵거나 불가능한 병력" 이 무시할 수 없는 수준으로 포함되는 병력 수라고 볼 수 있는 것이다. 혹자는 "그럼에도 불구하고 유사시 총 쏠 수준의 능력은 된다" 라고 하지만, 1년 6개월은커녕 4주간의 기초군사훈련만 수료하여도 유사시에 총 쏠 수준의 능력은 확보할 수 있다. 즉 유사시에 실전 투입이 어려울 정도의 신체적 혹은 정신적 결격 사유가 있는 경우는 아예 군에서 징병할 필요가 없으며, 또한 해서는 안 되는 일임에도 불구하고 그저 병력 수가 부족하다는 이유로 징병되고 있다. 수치상 128만 명에 달하는 북한군이 전면전 능력을 상실했다고 평가받는 이유가 바로 "실질적 전투가 가능한 병력이 서류상 병력 수에 한참 못 미치기 때문" 이라는 결론을 바탕으로 나온 것임을 감안하면, 이는 그만큼 현재 한국 징병제의 실태가 상당히 비효율적이고, 비윤리적이며, 지속 가능한 방향으로 가지 못하는 상황에 있다는 방증이다. 또한 사회 전체의 생산 인구 감소라는 문제에 있어서도 징병제는 치명적으로 작용한다. 인구 감소로 제일 먼저 주목받는 것이 병력 자원의 감소이지만, 사실 인적 자원의 감소는 병력에 국한되는 것이 아니라, 사회 전체의 청년 인구 자체가 부족한 상태에 있다. 출산율이 줄어드는 것과 동시에 징집률이 상승하고 있는 현상으로 인하여 사회 전체의 생산 인구가 총체적으로 부족해지는 사태에 이르고 있다. 당장 생산 인구 문제는 우리가 살아가면서 피부로도 느낄 수 있을 정도로 다가오고 있는 것이 현실이다. 극히 일부의 대기업/공기업/공직을 제외한다면 대다수의 중견/중소기업이 인력난을 겪고 있으며, 극히 일부의 대학을 제외한다면 대다수의 대학은 입학생이 부족하여 통폐합이 논의되고 있다. 이렇듯 우리 사회는 인구 감소에 정면으로 마주하기 시작했으며 이에 대응하기 위해서는 청년 인구의 생산 활동 진입(취업, 창업 등)을 가속화하고 청년에 대한 복지를 확충하는 등의 방안을 모색하여야 할 것이다. 한국 징병제의 실태는 이러한 기조에 정확히 반대되는 형태라고 볼 수 있다. 병력이 부족하니 더 많은 인원을 징병해야 한다는 방향성을 가지고 있는 것이 징병제이고, 징집된 남성 인구는 1년 6개월 이상의 공백을 반드시 겪게 되어 더 많은 인구의 사회 진출이 필연적으로 지연되게 된다. 장기 저성장 국면에 들어선 현재 한국 사회의 특성상 남성 청년의 사회 진출이 지연됨에 따라 연속적으로 내 집 마련 등의 자립 기반 구축에 더욱 많은 시간과 역량이 할애될 수밖에 없고, 이는 만혼/미혼이라는 현상으로 자연스레 이어져 출산율 문제 해결에도 악영향을 미치고 있다. 이러한 문제점을 고려하지 않는 현행 징병제는 생산 인구 감소 문제를 전례 없이 심화시키고 있다. 실제로도 저출산 문제가 초단기간에 획기적으로 개선되지 않는 한 100퍼센트 징병이라는 있어서는 안 될 사태가 현실화되더라도 병력은 결국 군의 목표치 이하로 줄어들 것이고, 실제로 그 정도로 병력이 빠른 추세로 감소하고 있다. 2023년에 들어 이미 총병력 50만 명이라는 마지노선이 깨졌다는 소식이 들려온다. 대군을 유지할 수 없는 시기가 정말 얼마 남지 않은 것이다. 정리하자면, 현재 한국 징병제의 실태는 상상 이상으로 사회 전체에 전방위적인 악영향을 미치고 있으며, 작지만 강한 정예 강군으로의 체질 개선이 매우 시급하고, 또한 절실한 상황이라고 본 단체는 분석하고 있다.

3. 징병제가 더 이상 불가능한 이유

이번 장에서는 징병제가 더 이상 지속되는 것이 불가능한 이유를 1987년에 개정되어 현재까지 유지 중인 대한민국 헌법적 관점, 현대전 패러다임에 대한 관점, 인구 감소 측면에서의 관점, 사회/문화적 관점까지 총망라하여 서술하고자 한다. 본 단체에서는 징병제를 단지 안보적 측면에 국한하여 분석하는 것이 아닌 한국의 정치/경제/사회/문화 전체에 징병제가 미치는 악영향을 총망라하여 분석하였으며, 또한 현대전의 패러다임 변화 측면, 저출산 및 인구 감소 측면에서도 모병제 도입의 당위성을 찾아볼 수 있음을 널리 알리고자 한다. 우선, 가장 먼저 대한민국 헌법적 관점에서 살펴보자면 대한민국 헌법 제 4조는 "대한민국은 통일을 지향하며, 자유민주적 기본질서에 입각한 평화적 통일 정책을 수립하고 이를 추진한다" 는 내용을 통해 국가가 "평화적인" 통일을 추진해야 한다고 명시하였다. 북한이 재래식 전면전 능력을 상실한 21세기에 들어서 징병제는 "멸공통일", 즉 유사시 무력으로 북한을 통일할 수 있는 역량을 갖춰야 한다는 전략과 방향성을 내포하고 있으므로 헌법 정신에 합치된다고 볼 수 없는 것이다. 또한 대한민국 헌법 제10조는 "모든 국민은 인간으로서의 존엄과 가치를 가지며, 행복을 추구할 권리를 가진다. 국가는 개인이 가지는 불가침의 기본적 인권을 확인하고 이를 보장할 의무를 진다." 라는 내용을 통하여 인권과 행복추구권을 명시하고 있는데, 징병제라는 형태로 국민의 자유를 제한하고 행복 추구권을 침해하며 불가침의 기본적 인권이 상명하복으로 인해 무시되는 군대에 국민 절반을 징집하는 등의 제도는 헌법 제10조와도 모순되는 상황에 있다. 혹자는 대한민국 헌법 제39조의 "모든 국민은 법률이 정하는 바에 의하여 국방의 의무를 진다." 는 조항이 명시되어 있으니 징병제는 헌법이 명시하는 병역 제도라고 할지도 모른다. 실제로 헌법재판소의 판결 또한 결론만 따져 살펴보면 "징병제는 위헌이 아니다" 이니, 더더욱 그리 생각될지도 모른다. 그러나 헌법 제 39조의 본질을 자세히 해석한다면 이는 틀렸다고 볼 수 있다. '국방의 의무' 는 '병역의 의무' 와 동등한 개념이 절대 아니다. 국방의 의무는 병역법에 명시된 현역 복무 이외에도 방공/방첩, 군작전에 협조할 의무, 국가안전보장에 기여할 의무, 전시근로동원에 응할 의무 등등을 모두 포함한 개념이다. 따라서 여성 및 면제자라고 하여 국방의 의무를 지지 않는 것은 아니며, 헌법은 엄연히 '법률이 정하는 바' 에 따라 국방의 의무를 진다고 명시하였기 때문에 오히려 징병제 폐지로 인하여 병역법이 개정될 경우 '법률이 정하는 바' 에 따라 모병제라는 병역제도 아래에서 국방의 의무를 준수하면 되는 것이다. 실제로 헌재는 "여성징병제 및 모병제에 관한 소원" 에 대한 판결에서 "남성만을 징집하는 현행 징병제는 합헌이며, 여성은 징집되어 군 복무를 이행할 신체 조건이 되지 않는다고 판단한다. 그러나 여성 징병제 혹은 모병제로의 병역제도 개편 논의는 정치권에서 시급히 이루어져야 할 필요가 있다" 는 입장문을 내기도 했다. 헌재 또한 현행 징병제가 더는 유지될 수 없음을 인지함과 동시에 '법률이 정하는 바'에 따른다는 39조를 그대로 인정하고, 여성은 징집되어 군 복무를 이행하기 어렵다고 판단함과 동시에 병역제도 개편의 키를 정치권에 그대로 넘긴 것이다. 이를 통하여 헌법 제39조는 징병제를 의미하는 것이 아니며, 병역제도 개편의 필요성을 헌법재판소 또한 인정하고 있음을 확인할 수 있다. 또한 현대전 패러다임의 변화에 따른 관점에 있어 모병제 도입이 필요한 이유를 서술하고자 한다. 국내 제 1호 방위사업학 박사이자 방위산업 분야 전문가인 최기일 한국방위산업연구소 소장은 [최기일의 방산보국] 칼럼 7편에 "인구 감소 및 병력 부족과 미래전 양상에 따른 병역제도 개편이 필수적이다."라는 내용을 게시하면서, 인공지능(AI) 기술의 비약적 발전과 첨단 무기체계 못지않게 중요한 사안이 전투를 수행하는 장병들의 군기와 사기이고, 급조 강제 징병된 러시아군 장병들이 개인 병사로부터 장교와 부사관 계급에 이르기까지 집단 무단탈영을 감행하는 등의 실상을 통해 러시아군의 과오를 설명하면서 군 기강 해이와 사기 저조를 막지 못한다면 제아무리 강력한 재래식 전력을 보유한다 하더라도 현대전에서 치명적이며 이길 수가 없는 군대가 된다는 것을 보여준다고 서술하였다. 또한 해당 칼럼에서 2차 세계대전 당시 전쟁 막바지였던 1945년 일본 제국의 징집률이 90퍼센트, 나치 독일의 징집률이 78퍼센트에 그쳤다는 점을 언급하며, 90퍼센트 이상을 기록할 것으로 전망되는 한국의 현 징집률은 황망한 결과치라고 지적하였다. 여기에서 주목할 포인트는 "강제 징집" 이라는 키워드이다. 현재 한국군의 징집 실상은 그야말로 처참하다. [최기일의 방산보국] 칼럼 7편에서도 병역처분 기준에서 초등학교 졸업이라는 학력 제한조차 아예 삭제하였으며 2023년부터는 소아마비와 뇌성마비 환자까지 군 복무 판정을 받게 되었다고 지적하였다. 앞서 서술된 내용에서 알 수 있듯이 '전투적 역량을 기대할 수 없는 인원'을 마구잡이로 징집하여 유사시 전선에 투입하는 것이 전쟁을 승리로 끝내는 것에 도움이 되어 주지 않는다는 사실을 러시아군이 현재진행형으로 보여주고 있다. 이는 병역제도 개편 및 모병제 도입에 당위성을 불어넣어주는 내용임에 틀림이 없는 것이다. 특히나 '압도적인 기갑/재래식 전력을 보유하고 있는' 러시아군의 과오를 통하여 '재래식 육상 전력 유지에 치중한 나머지 현대전의 패러다임에 뒤쳐진 것은 아닌지' 성찰하고, 현대전 패러다임에 걸맞는 작지만 강한 군대로 체질 개선을 도모해 나가야 할 것이며 이를 모병제 도입을 통해 이룩해낼 수 있다고 본 단체는 여긴다. 또한 인구 감소 측면에서 징병제가 더는 지속될 수 없는 이유를 조금 더 자세히 분석하여 서술하고자 한다. 인구 감소는 징병제의 한계가 노출되는 현상에 있어 핵심적인 이유이자 키워드이다. 앞서 서술하였던 현대전 패러다임의 측면이나, 안보적인 측면 외에도 황망한 수준의 징집률 유지로 인해 사회 전체에 총체적인 문제점이 드리워지고, 이로 인한 부작용과 악영향이 심해지고 있으며 이는 인구 감소에 돌입한 현재 한국 사회에 있어 더욱 두드러지게 나타나고 있다. 한국 사회가 저출산 고령화 시대에 진입하게 되면서 그간 한국군의 확고부동한 방향성이었던 "대규모의 지상군을 위주로 한 형태의 국방" 이 한계를 드러내기 시작했고, 이에 대비하여 군의 방향성을 빠르게 수정하지 못하면서 결국 징집률이 비정상적인 수준으로 올라군 기강 해이와 복무 부적격 병력의 증가로 이어지기 시작하였다. 비단 군 내부의 문제에 국한되는 것이 아니다. 목표하는 병력 수를 유지하기 위하여 더욱 많은 남성 청년이 징집되기 시작했고 이는 점점 감소하는 출산율과 맞물려 작용하면서 사회 내 생산 인구를 더욱 빠르게 줄어들게 하고 있다. 이는 현재 한국 사회, 특히 청년 사회에 굉장히 치명적으로 작용하고 있다. 2장에서 서술하였듯이 한국 사회는 과거와는 사뭇 다른 형태의 인구 구조로 변화되어 가고 있으며 70~80년대에 비해 청년 인구가 눈에 띄게 줄어들고 있다. 사실상 현재 한국 사회는 전방위적이고 총체적인 인력난에 직면한 상황이며 이를 해결하기 위해서는 2장에서 서술한 청년 인구의 생산활동 진출이 가속화되어야 하고, 더욱 많은 남성 청년들이 배움의 연속성, 커리어의 연속성, 생산 활동의 연속성을 보장받아야 한다. 그러나 징병제를 유지하는 한 이러한 사회 개혁은 절대로 이루어질 수 없다. 상술한 수많은 문제점들이 징병제 유지로 인해 해결되지 못한 채 고착화될 것이고, 징병제 유지로 인해 이러한 악순환은 더더욱 심각한 수준으로 우리 사회에 도래한 채 반복될 것이다. 이제는 사람이 없다. 군에만 사람이 없는 것이 아니고 전 부문 어느 분야를 가도 예전처럼 청년 인구가 많지 않다. 결국 나라 전체에 사람이 없다면 더욱 적은 인구로도 항구적인 국방 유지가 가능하도록 군대를 재편하는 방법을 모색해야만 한다. 더욱 적은 병력으로도 국가를 지킬 수 있는 군대를 만들어야 하는 것, 즉 모병제 도입을 통한 정예강군 도약을 목표해야만 하는 이유이다. 인구가 지금보다 더 줄어들게 되는 10년~20년 뒤, 아니 더 나아가서 50~60년 뒤로 가면 징병할 사람이 없어서 국방이 망할 것이고 외세의 침략으로부터 국가를 지킬 수 없을 것이라고 발만 동동 구르고 있을 것인가? 결국 우리 사회는 그간 우리가 염두에 두지 않았던 것들을 이젠 염두에 두어야 하고, 고려하지 않았던 것들을 고려해야만 한다. 우리 군 또한 마찬가지다. 시기상조라는 단어가 이제 나와서는 안 된다. 인구 문제를 해결하기 위한 대책을 세우는 것이 물론 우리 사회의 첫 번째 숙제임은 분명하나, 인구 감소에 흔들리지 않는 작지만 강한 정예 강군을 건설하는 것을 통해 인구가 줄어든다 하더라도 국가의 안보를 항구적으로 지킬 수 있는 군으로 거듭나는 것 또한 그에 못지않은 중요성을 가진 숙제이며 이를 가장 완벽하게 해결하는 모범 답안은 모병제를 도입하는 것이라고 본 단체는 판단한다. 다음으로 사회/문화적 관점에서 징병제가 더 이상 유지되어서는 안 될 이유를 서술하고자 한다. 한국은 사회적으로 그간 상명하복적 분위기가 지배적이었으며, 과거 군사정권 시절의 부조리들을 온전히 탈피하지 못한 상태로 개인주의의 태동으로 대표되는 21세기에 진입하였다. 개인주의의 태동과 동시에 20세기와는 완전히 반대되는 경제 형태인 장기 저성장 시대에 도래하면서 청년들은 점차 "개인의 자유와 행복을 최우선시하자" 라는 쪽으로 삶의 방향성을 수정하게 된다. 그러나 이러한 개인의 행복 추구권을 최우선시하는 청년들의 인생 방향성 변화에 가장 반대되는 제도인 징병제가 유지되면서 그 한계를 실시간으로 노출하고 있기 때문에, 앞서 2장에서 서술한 이유들로 인하여 청년들이 꿈꾸는 이상과, 청년들이 처한 현실에 거대한 괴리가 생기게 되는 것이다. 청년들은 과거보다 더욱 개인의 자유와 행복을 보장받기를 원하고 있지만, 더욱 높아만 가는 징집률로 인해 더욱 많은 남성 청년들이 개인의 자유를 침해당하고, 행복추구권을 제한받고 있다. 비단 남성 청년뿐만 아니라 병역제도 개편 문제가 수면 위로 대두되는 과정에서 여성 청년의 자유와 행복 추구권 역시 남성 청년과 똑같이 침해당해야만 국가를 지킬 수 있다는 여성 징병제라는 논리가 등장하고, 이로 인하여 현 시대의 청년들은 그 어느 때보다도 더욱 심각한 이상과 현실의 괴리를 마주하게 되었으며, 현재 진행형으로 마주하고 있는 중이다. 이러한 괴리는 청년들이 사회를 낙관적으로 바라보는 것을 막고 있으며, 실제로도 인구절벽 관련 기사와 보도 영상마다 "대한민국은 수십 년 안에 무조건 망한다" 혹은 "지금까지 대한민국을 사랑해 주셔서 감사합니다" 와 같은 비관적인 댓글들이 달리고 있다. 그리고 징병제로 인하여 병영 내 사건 사고가 발생할 때마다 가장 많이 달리는 댓글은 "부를 땐 우리 아들, 다치면 남의 아들, 죽으면 누구세요?" 라는 냉소적인 반응들이다. 이러한 분위기속에서 과연 청년들이, 특히 징병이라는 부조리를 직접 겪어야 하는 남성 청년들이 국가, 사회에 대한 비관적인 생각을 하지 않게 만들 수 있고, 비관적인 의견을 내도록 하지 않게 만들 수 있을까? 본 단체는 모병제 도입을 포함하여 우리 사회 전체가 개인의 자유와 행복을 보장하기 위한 총체적인 진보를 빠르게 이루어 내지 못한다면 이러한 청년 세대의 사회에 대한 불신 확산을 막을 수 없다고 보며, 국가의 미래에 대한 비관적 관측이 제시되고 증폭되는 것 또한 막을 수 없다고 본다. 미래를 위해서는 반드시 마주하고 넘어야 하는 현재의 장애물을 넘기 어렵다는 이유로 지레 포기하고 넘지 않으려 하는데 어떻게 낙관적이고 희망적인 관측을 청년들이 떠올릴 수 있을 것인가? 징병제로 인하여 촉발되는 국가 사회에 대한 비관적 분위기가 OECD 최하위권을 기록하고 있는 한국의 행복지수에 영향을 미치지 않을 수 없는 상황이라고 본 단체는 판단한다. 이러한 이유들로 인해 국가 사회 분위기 전체에 악영향을 미치고 청년을 이상과 현실의 괴리에 빠지게 하는 징병제는 절대로 지속 가능한 병역 제도가 아니며, 지속된다면 한국을 더욱 큰 사회 갈등과 위기에 빠지게 할 수 있다. 따라서 징병제는 절대로 지속될 수 없으며, 또한 지속되어서는 안 된다고 본 단체는 여긴다.

III

모병제에 대한 각종 통념 및 이에 대한 반박

4. 모병제에 대한 오해와 그에 대한 반론
5. 국가재정을 절약하는 모병제

III

모병제에 대한 각종 통념 및 이에 대한 반박

4. 모병제에 대한 오해와 그에 대한 반론

이번 장에서는 대중들이 갖고 있는 모병제에 대한 오해 및 통념에 대해 소개하고 이러한 내용들에 대한 반론을 전개할 것이다.

모병제에 대해 대중들이 갖고 있는 대표적인 오해 및 통념을 크게 네 가지 유형으로 나눌 수 있다.

첫 번째 유형으로는 모병제에 대해 직접적으로 반대하는 경우이다. 모병제가 비현실적이고 허무맹랑하다고 생각해서 진지하게 받아들이기 어렵다는 통념에 해당한다. 이러한 통념의 원인은 수십 년간 휴전 중인 국면 속에서 한반도 전체에 군사적 긴장감이 유지되고 있기 때문이라고 풀이된다. 두 번째 유형으로는 모병제가 한국의 실정에 적절하지 않고 징병제가 한국의 안보 사정에 더욱 우수한 제도라고 생각하는 경우이다. 이러한 통념은 군사정권 시절부터 양적으로 거대한 육군 위주의 국방 정책이 유지된 것과, 6.25 전쟁 당시 기갑 전력의 부족으로 총체적인 어려움에 노출된 역사에서 기인한다고 분석된다. 세 번째 유형으로는 모병제를 전면으로 반대하는 것은 아니지만 모병제를 도입하였을 경우 부작용이 우려된다는 이유로 모병제를 신뢰하지 않는 경우이다. 지금까지 전면적으로 추진해본 적이 없는 제도로 병역제도를 바꾸는 것은 큰 모험이며 모병제로의 성공적인 전환에 실패하는 경우 그 부작용이 안보적 측면에서의 직접적인 피해로 돌아올 수 있다는 것을 생각하면 모병제 도입에 대해 회의감을 품는 것이 합당하다는 것이다. 이러한 견해는 군사정권이 시작된 이래 단 한 번도 징병제라는 제도의 변화가 큰 폭으로는 이뤄지지 않았다는 측면에서 모병제가 성공적으로 정착될 확률을 낮게 분석하는 경향이 크고, 병력의 수 자체가 국방력의 중요한 척도라고 여기는 경향이 강하기 때문에 징병제에 비하면 병력의 규모가 감소하는 것이 불가피한 모병제에 대해 부정적인 입장을 견지하는 것으로 분석할 수 있다. 네 번째 유형은 징병제의 부작용과 문제점을 인지하지 못하고 여성 징병제가 옳은 제도라고 강하게 믿는 경우이다. 이러한 의견은 모병제의 필요성을 크게 느끼지 못하고 여성 징병제가 모병제보다 더욱 옳은 제도라고 생각하는 것에서 기인한다고 여겨진다.

위의 네 가지 오해 및 통념을 보다 더 세분화하여 분석하면 모병제에 대한 오해 및 통념을 다음과 같이 분류하는 것이 가능하다.

1. 휴전 중이라는 한반도의 안보적 상황을 고려할 때 모병제는 절대로 불가능할 것이라고 판단하는 경우.

1-1. 현재 징병제 하에서도 지원을 통해 모집하는 간부, 즉 장교, 준사관, 부사관 이 세 계급에 대한 모집도가 전부 미달인 상황에 이르렀는데, 병 계급까지 100% 지원자로만 받는 것이 합당한, 가능한 방안이라고 판단하지 않는다.

1-2. 인구가 줄어서 징병제 유지조차 힘들기 때문에 모병제가 가능할 리 없다고 판단한다.

1-3. 징병제 체제에서도 군대를 기피하는 풍조가 심각한데 모병제를 도입하면 아무도 군대에 가려고 하지 않을 것이다.

2. 모병제가 한국의 실정에 적합하지 않고 징병제가 한국의 실정에 더욱 적합하며 우수한 제도라고 판단하는 경우.

2-1. 모병제를 도입하고 운영한 나라들도 모병제 운영상의 어려움을 겪고 징병제로 환원 중이다.

2-2. 모병제는 전쟁이 끝난 나라에서나 시행 가능한 제도이므로 휴전국에 해당하는 대한민국에서의 적용은 불가능하다.

3. 모병제를 전면적으로 반대하는 것은 아니지만 모병제를 도입할 경우 수반될 수 있는 부작용이 우려되어 모병제를 신뢰하지 않는 경우.

3-1. 모병제 도입 시 시민권을 노리는 하층 외국인 이민자들만 군대에 오게 될 것이며 군의 보안체계에 문제가 생길 것이다. 이는 미국의 매브니 제도에 따른 보안문제를 선례로 한다.

3-2. 오랫동안 변하지 않고 있는 징병제를 유지하는 것이 모병제보다 더 안전하다.

3-3. 모병제 도입 시 국방력 약화는 필연적이며, 따라서 병사수를 최대로 늘리는 것은 필수적이다.

3-4. 여태까지 해본 적 없는 모병제로 병역제도를 바꾸는 것은 큰 모험이며 실패하는 경우 부작용이 전쟁에서의 피해로 돌아올 수 있다는 것을 생각하면 모병제 도입에 대해 회의감을 품는 것이 합당하다고 판단한다.

4. 징병제의 부작용 및 문제점을 인지하지 못하고 여성 징병제가 모병제보다 더욱 옳은 제도라고 판단하는 경우.

4-1. 분단국가에서는 징병제가 유일한 답이며 모병제는 불가능하다. 그러므로 현재 발생하는 문제들, 예를 들면 군인 수 부족 문제를 해결하기 위해서는 여성도 징집하는 여성 징병제가 적절하다.

4-2. 여성 징병제로 여성을 군대로 징집하는 것을 기본으로 하되, 출산 시 병역면제 혜택을 준다면 여성 징병제로서 출산율 문제도 해결 가능하다.

4-3. 모병제 도입을 주장할 때 근거로 말하는 '징병제는 인권 탄압'은 받아들일 수 없다. 상시 전쟁이 발발가능한 휴전국이라는 특수성을 고려할 때 국민이 국방의 의무를 다하는 것은 필연적이다. 그러나 국방의 의무를 남성에만 부과하여 남성만을 대상으로 징집을 시행하는 것은 명백한 성차별이므로 여성 징병제를 도입해야 한다.

지금부터는 이러한 모병제 도입에 대한 우려와 반대론을 하나씩 자세히 분석하고, 이에 대한 반론을 서술하고자 한다.

현재 징병제 하에서도 모병제인 간부, 즉 장교, 준위, 부사관 이 세 계급에 대한 모집이 모두 미달인데 병 계급까지 100% 지원자로만 받는 것이 합당하고 가능하다고 판단하지 않는다?

이는 한국군이 "징병제를 유지하고 있기 때문에" 장교/부사관의 근무 환경 및 처우 자체가 타 선진국 대비 상당히 열악한 수준에 있음을 간과한 분석이다. 모병제를 채택한 군의 경우 당연하게도 장교/부사관의 근무 환경과 처우가 대부분 징병제를 채택한 군과는 비교할 수 없을 정도로 좋다. 징병제를 유지하는 데 드는 비용이 5장에서 후술하겠지만 절대 만만치 않으며, 모병제를 채택한 군이라면 필연적으로 사관학교, 학군사관과 같은 특수한 경우를 제외하면 "병 계급으로 입대하여 부사관/장교로 진급하는" 형태를 띄고 있기 때문에 병사에 대한 처우가 곧 부사관/장교의 처우로 이어지기 때문이다. 모병제를 채택하는 군대라 할지라도 병사에 대한 처우가 좋지 않다면 당연히 누구도 군대에 가려 하지 않을 것이다. 그러니 필연적으로 모병제를 채택한다면 병/부사관/장교에 걸쳐 처우가 획기적으로 좋아질 수밖에 없으며 그래야만 한다. 징병제를 채택하는 군대는 "병력 수 유지"가 제1목표인 경우이기 때문에 모병제 군대에 비하여 병사에 대한 처우가 열악하다. 또한 부사관/장교의 경우도 마찬가지로 "병력 수 유지" 에 많은 예산을 할애해야 하기 때문에 그 처우가 좋을 수 없으며 "강제 징집되어 나라 지키는 병사들이 당연하게도 부사관/장교보다 더욱 열악한 상황에 있다" 는 특성상 처우 개선 및 복지에 대한 우선순위가 징집된 병 인원에게 집중되는 현상도 나타난다. 당장 병사 월급 200만원 제도가 수면 위로 오르자 부사관 지원률 감소 문제 또한 같이 수면 위로 오르고 있다는 점에서 이를 알 수 있다. "병장 월급이 하사 월급보다 높아지는데 도대체 누가 부사관에 지원하느냐" 라는 당연한 현상이 나올 수밖에 없는 것이다. "부사관의 월급 인상을 동반 감행하면 해결될 문제가 아니냐?" 라고 반문할 수 있으나, "징병제를 유지하고 있기 때문에" 병사 월급을 인상함과 동시에 부사관/장교의 연봉을 인상하는 것이 예산상으로 어려워진다. 국방 예산을 증액하면 되지 않나 싶겠지만 2장 및 3장에서 서술하였듯 "징병제를 유지하고 있기 때문에" 높아지는 징집률로 생산 활동 인구가 더욱 빠르게 줄어드는 상황에서 추가적인 세수를 확보하기란 매우 어렵고 따라서 국방 예산을 증액하려면 타 분야 예산을 삭감하여야 하니, 이 또한 쉽사리 선택 가능한 방안이 아니게 된다. 모병제를 도입하여 작지만 강한 군대로의 체질 개선을 단행하지 않는 이상 한정된 예산 속에서 병/부사관/장교 모두의 처우를 개선하기란 지극히 어렵다는 것이다. 이런 상황이니 인구 감소 국면 속에서 부사관/준사관/장교 지원 인원의 미달 문제가 모병제 도입의 대한 반대 근거로 사용되는 것은 타당하지 않다고 본 단체는 여긴다. 혹자는 “세계 최강의 전력과 대우를 자랑하는 미군도 인력 부족에 신음하고 있으니 이는 근거가 부족하다” 라고 할지도 모른다. 그러나 이 역시 「미군은 전 지구에 자신들의 전력을 투시하고 있는, “지구 방위대” 수준의 규모를 갖추었기 때문에 제기되는 문제임을 간과한 분석」이라고 볼 수 있다. 본 단체는 주어진 환경과, 유사시 대응해야 하는 범위 자체가 한국군과 완전히 다른 미군을 한국군의 모든 현황과 직간접적으로 비교할 필요가 없음을 강조한다. 한국군의 역할은 “대한민국의 영토를 수호하는” 것이다. 미군의 역할은 “자국의 영토를 수호할 뿐만 아니라 동맹국의 영토를 수호하고 유사시 동맹국의 군대를 지원하는” 것이다. 미군의 상비 병력은 132만 명이다. 그러나 여기서 주목해야 할 점은 “490척, 11개 항모전단에 달하는 해군 전력과, 13,362기에 달하는 항공 전력과, 6289대의 전차 및 39000여 대에 달하는 장갑차를 보유한 육군 전력” 을 모두 합해서 132만 명의 상비 병력으로 운영하고 있다는 점을 간과하여서는 안 된다. 한국군과는 애초에 유지하고 운영하는 전력과, 국방에 들이는 예산 규모가 천양지차이다. 미군은 이토록 전 세계에서 가장 큰 규모의 군 조직이며 전 세계에서 일어나는 군사적 분쟁에 개입할 능력을 갖추고 있어야 하기 때문에 당연하게도 상당한 상비 병력을 필요로 한다. 그리고 이를 유지하기 위해 1185조 원이 넘는 국방 예산을 매년 들이고 있다. 한국군과는 처한 상황이 근본적으로 너무나도 다르다는 것이다. 따라서 본 단체는 미군의 인원 부족 문제를 한국군의 부사관/장교 지원 미달 사례와 비교하는 것 또한 타당하지 않다고 여긴다. 본 단체는 한국군의 부사관/장교 미달 문제에 대하여 징병제가 유지됨으로써 병사 개개인, 부사관/장교 개개인에 대한 열악한 처우가 개선되지 않고 있다는 근원적 문제를 다시금 짚어야 할 필요가 있다고 보며, 모병제를 도입하였을 경우에 오히려 이러한 부사관/장교 지원 미달 문제를 해결하여 더욱 건강하고, 강력한 군대로 도약할 수 있다고 여긴다.

인구가 줄어서 징병제를 유지하는 것조차 힘든데, 모병제를 도입하는 것은 불가능하다고 판단한다?

이러한 의견이 나오는 것은 인구 감소가 병력 부족과 어떠한 상관관계가 있는지, 청년 인구의 감소가 한국군의 현재와 미래에 어떠한 악영향을 끼치고 있고, 끼칠 가능성이 큰지 제대로 분석하지 못한 오류에서 기인한다. 2장 및 3장에서 서술하였지만 "인구 감소로 인하여" 징병제 유지가 힘들어지는 것이고 "징병제가 유지되는 것으로 인하여" 사회 전체에서 활동하는 생산 인구 감소 추세에 더욱 빠르게 불이 붙고 있는 것이다. 혹자는 "병력의 수를 유지하는 것이 한국의 안보를 지켜내는 것에 있어서 핵심인데 모병제로 병력 수를 줄이는 것이 어떻게 가능한가" 라는 의견을 개진할지도 모른다. 그러나 "인구의 감소로 인하여 병력의 수를 유지하는 것이 불가능할 경우" 를 전혀 상정하지 못 하고 있고, 대비하지 못하고 있는 것이 현재 한국의 징병제이다. 인구가 지금보다 더욱 줄어들 경우에는 100퍼센트 징집률로도, 여성 징병제로도 현재의 대군을 유지하지 못할 것인데 그러한 미래가 도래하였을 경우는 어떻게 대비하여야 하는가? 오히려 모병제를 도입하여 작지만 강한 군대로의 체질 개선에 돌입하는 것은 "철저하게 과정을 준비하고 부작용에 대비할 경우 충분히 가능한" 일이고, 2024년 이후 90퍼센트를 돌파할 것으로 예상되는 황망한 수준의 징집률을 바탕으로 한 현행 징병제를 유지하는 것이야말로 "불가능에 가까운" 일이라고 할 수 있다. 또한 앞서 서술하였듯이 출산율의 감소와 징집률의 증가가 동시에 이루어지는 현상에서 기인하는 사회 전체의 생산 인구 감소가 빠르게 진행되고 있다. 징병제를 유지하는 것으로 이러한 문제에 도대체 어떻게 대응할 수 있단 말인가? 혹자는 "안보를 위해서는 병력의 수를 유지하는 것이 사회의 생산 인구를 유지하는 것보다 중요하다" 라고 말할지도 모른다. 그러나, 하부 문단에서 더욱 자세히 서술할 것이지만 동서고금을 통틀어 경제력보다 병력의 수를 중요시 여기는 국가는 결국 패망의 길에 빠지게 되었고, 또한 빠지고 있다. [논어]에서 공자는 이렇게 강조하였다. "충분한 식량의 확보, 충분한 군대의 확보, 백성의 신뢰 확보 중 부득이하게 한 가지를 버려야 한다면 제일 먼저 군대를 버려야 하고, 그 다음으로는 식량을 버려야 한다. 국민의 신뢰가 없다면 국가는 존속할 수 없다." 현대 대한민국의 상황에 맞게 이 구절을 해석하자면 '충분한 식량의 확보' 는 경제력을, '충분한 군대의 확보' 는 국방력을, '백성의 신뢰 확보' 는 국가와 정부에 대한 국민의 신뢰를 뜻할 것이다. 과연 징집률을 올리는 것 외에는 인구 감소에 대한 대비가 아무것도 갖춰져 있지 않은 현행 징병제가 국민에게, 청년에게 어떠한 신뢰를 줄 수 있는가에 대하여 우리는 고찰하여 보아야 할 것이다. 종합적으로, 인구 감소로 징병제 유지조차 힘든데 모병제가 가능할 리 없다고 생각하는 것은 지나치게 현재의 비관적 추세만을 바라보고 미래를 위한 진보적 변화의 필요성을 경시하는 근시안적 관점이라고 본 단체는 여긴다.

징병제 체제에서도 군대를 기피하는 풍조가 심각한데, 모병제를 도입하면 아무도 군대에 가지 않을 것이다?

이는 “징병제 체제에서 수많은 문제점과 부조리를 한국군이 노출하였기 때문에” 군대를 기피하는 풍조가 심각해졌다는 것을 고려하지 못한, 하나만 파악하고 둘은 파악하지 못한 논리이다. 군인이라는 직종 자체가 대단한 위험성을 담보로 하는 직업이고, 그렇기에 최대한의 대우를 보장하는 것을 당연히 필요로 한다. 그러나 병력 수를 유지하는 것이 최선이라는 논리에 따라 징집된 장병들은 항상 열악한 처우에 노출되었고, 병영부조리 문제는 수십년 간 개선이 요원하였으며, “다치면 남의 아들, 죽으면 누구세요?” 로 대표되는 한국군의 폐쇄성과 사건사고 은폐 등으로 군대를 기피하는 풍조가 지금과 같은 상태에 이르게 되었다는 것을 결코 간과하여서는 안 된다. “모병제가 도입되면 아무도 군대를 가지 않을 것이다” 라는 논리는 병역 기피의 원인을 면밀히 분석하고, 이를 해결하기 위한 방법을 제시하는 방향성이 아닌, 그저 현재에 발생하고 있는 상황만을 주목하고 이런 상황을 해결할 수 없을 것이라고 비관하며 병역기피 문제를 해결하고자 하는 의지가 결여된 것과 같다고 본 단체는 여긴다. 모병제를 도입하고 군인에 대한 대우를 크게 개선시켜서 정예 강군으로 도약하게 하는 것이 진정 군대를 기피하는 풍조를 개선하고 군인으로 하여금 국방에 대한 자부심을 느끼게 하며, 더욱 항구적인 안보를 이룩하는 길이라는 것을 다시 한 번 상기해야 하며, 징병제를 유지하는 것은 군대를 기피하는 풍조를 오히려 더욱 심각한 수준에 이르게 하는, 병역기피 문제에 있어 최악의 선택지라는 것을 본 단체는 강조하는 바이다. 실제로도 한국의 청년 국적포기자 수치를 조사하여 보면, 남성 청년의 국적 포기 사례가 여성 청년의 국적 포기 사례보다 월등히 많다. 이러한 결과치가 정녕 징병제와 무관하다고 할 수 있는가? 도리어 징병제가 촉발하는 수많은 문제점으로 인해 청년으로 하여금 군대를 기피하게 하고, 애국심을 가지지 못하게 하며, 우리 사회의 인재를 도리어 해외에 빼앗기고 있는 결과를 초래한다고 보아야 하지 않겠는가? 본 단체는 이러한 징병제의 폐해를 고려하지 않은 채 병역 기피 그 자체에만 주목하고, 그 원인에 대하여 주목하지 않은 결과가 "모병제를 하면 아무도 군대에 가지 않을 것이다" 라는 의견이 나오는 이유라고 분석한다. 그리고 조금 더 원론적인 차원의 논박을 덧붙이자면 군대라는 환경과 군인이라는 직업은 "청년들이 스스로 들어오게 만들 정도로 메리트가 충분해야만" 한다. 만일 그러한 메리트를 주기 어려운 환경에 노출되어 있다고 한다면, "최소한 군인이라는 직업을 선택했을 때 내가 경제적으로 성장하고 사회적으로 대우를 받을 수 있는" 수준의 처우는 당연히 약속되어야 하는 것이다. 그러지 못하고 그저 "강제로라도 청년을 끌고 오지 않으면 아무도 가지 않을 수준"에 머물러 있는 군대라면 지극히 건강하지 못한, 병든 군대인 것이고 뭘 해도 전쟁에서 이길 수 없는 군대가 될 수밖에 없을 것이다. 모병제를 도입하면 아무도 군대에 오지 않을 것이라는 비관적 전망 자체가 그만큼 한국군이 수많은 부조리와 모순으로 병든 상태에 이르렀으며, 모병제 도입을 위시한 체질 개선을 이룩하지 않으면 안 된다는 것을 방증하는 것이라고 본 단체는 여긴다.

모병제를 도입한 나라들도 모병제 운영상의 어려움을 겪고 징병제로 환원하는 추세이니 모병제 도입은 안 된다?

이는 "징병제" 라는 단어에만 주목하고 타 징병제 환원 국가의 현황을 제대로 분석하지 않은 것에서 기인하는 오류이다. 대다수의 선진국들은 소련이 해체된 이후에 모병제를 도입하였고, 이 중 징병제로 환원한 국가는 상대적으로 소수에 불과하다. 또한 징병제로 환원하더라도 한국군처럼 90퍼센트에 달하는 징병률을 기록하는 국가는 단 한 국가도 존재하지 않는다는 점에서 모병제를 논함에 있어 타당한 근거가 될 수 없다고 본 단체는 판단한다. 대표적으로 징모 혼합제(사실상 민병제)로 병역제도를 전환하였다가 최근 들어 다시금 징병제로 환원한 사례의 대표격으로 거론되는 중화민국 국군(이하 대만군)의 사례를 살펴보자면 복무 기간이 1년이고, 주말을 휴가로 인정하며 이를 모을 수도 있기 때문에 실질 복무 기간은 대략 6~7개월 수준에 불과하다. 또한 우리 군의 주적인 북한은 전면전 능력을 상실했지만 대만군의 주적인 중국 인민해방군은 전혀 그렇지 않다. 도리어 우리 군의 주적인 북한군보다 비교조차 무의미할 만큼 강한 전력을 보유한 중국 인민해방군이 '주적' 임에도 불구하고 병사들의 '낮은 사기 문제'로 인하여 징모 혼합제를 도입하였던 것이 대만군이다. 자국에 비해 군사력, 경제력, 체급 모두 훨씬 더 강한 주적을 두고, 그러한 주적으로 인하여 국제적으로 국가로 인정받지 못하는 등 외교안보상의 어려움이 한국에 비해 비교할 수 없는 수준임에도 불구하고 한국군보다 더욱 폭넓은 자유가 보장되고 복무 기간이 더 짧은 형태의 징병제를 운영하고 있는 것이다. 결정적으로, 대만의 징병제 환원에 가장 큰 영향을 준 것은 "4개월의 훈련기간으로는 자주 국방의 의지를 확인하기 어렵다" 라는 미국의 의견이 강하게 반영된 결과이다. 애당초 완전 모병제로 전환한 적이 사실상 없으며, 한국과는 모든 면에서 다른 상황에 놓여 있는 대만군이 한국군과 도대체 어느 부분에서 비교되어야 하는 군대인지, 애초에 직접 비교하는 것이 타당하기는 한지 의문을 제기할 수밖에 없다. 다음으로 징병제 환원의 또 다른 대표 사례로 거론되는 북유럽 3국의 현황을 분석해 보자면, 여성징병제를 실시하고 있다는 노르웨이군의 경우 사실상 징모 혼합제의 형태로 병역 제도가 운영되고 있으며 냉전 이후 징집률 자체가 20퍼센트 이하 정도에서 유지되고 있다. 또한 의무 복무 기간이라는 개념조차 존재하지 않아 언제든지 군 복무를 그만둘 수 있는 환경을 보장하고 있다. 당연하겠지만 한국군과는 비교 대상이 될 수 없으며, 모병제 반대의 근거로 인용되기에는 타당하지 않은 사례임에 의심의 여지가 없다. 스웨덴군 역시 노르웨이군 만큼은 아니지만 대체복무 선택권을 폭넓게 제공하고 의무 복무 기간 역시 1년 이하의 수준을 유지하고 있다. 대체복무 기간부터 병역 거부에 대한 징벌적 요소라고 받아들여질 정도로 비현실적으로 길고, 대체복무 선택권 자체가 비현실적으로 좁다 못해 특수한 종교적 이유를 제외하면 없다시피 하며, 1년 6개월 이상 복무해야 하는 한국의 징병제와는 마찬가지로 비교 대상이 될 수가 없는 군대이다. 스웨덴군 역시 일단은 여성 징병제를 도입하였고 2025년까지 여성 징집 비율을 30퍼센트까지 끌어 올린다는 계획이 있다고는 하나, 여군용 보급품 관련 문제로 진척이 이루어지지 않고 있는 상황이라고 한다. 그리고 세계적으로 징집률 높은 국가의 대표격으로 거론되는 핀란드군의 현황을 분석하여 보자면, 일반 보병의 경우 의무 복무 기간이 "6개월"이다. 기술 특기병 역시 "1년 이하에 최소 9개월" 이다. 또한 노르웨이, 스웨덴과 마찬가지로 폭넓은 대체복무 선택권을 통해 대체복무요원으로써 병역의무를 이행할 수 있도록 한다. 게다가 "자유로운 주말 외출"이 허가되고 평일에도 "일과 시간 종료 후 외출 및 출퇴근이 허가되는" 군대이다. 비록 월급 자체는 한국보다 더 적으나, 이를 짧은 의무 복무 기간, 폭넓은 대체복무 보장과 군 생활 중에서의 자유 보장으로 커버하고 있다. 현재 한국군이 상술했던 징병제 환원 국가와 비교하였을 때 폭넓은 대체복무 선택권, 자유 외출 및 출퇴근 허가, 6개월~1년의 짧은 복무 기간 중 하나라도 이루어진 사례가 존재하는가? 도리어 형평성을 이유로 폭넓은 대체복무 보장은 고사하고 장애인 징병에 근접하는 수치를 향해 가는 것이 한국군의 징집률 실태이다. 해당 국가들은 징병제를 사실상 징모 혼합제에 가깝게 시행하거나, 징병제를 시행하더라도 개인의 자유와 권리를 최대한으로 보장할 수 있도록 노력하는 것은 물론이고, 국가 경제와 생산 인구 측면에서도 해가 되지 않는 방향성을 추구하고 있다. 한국군이 이러한 징병제 환원 국가의 군대와 비교가 가능한 상황인지, 이러한 국가들에 준하는 자유와 복지를 남성 청년에게 제공하고 있는지부터 살펴야 하는데, 한국군은 전혀 그러지 못하고 있다. 과연 한국군은 이러한 타 징병제 환원 국가들처럼 할 수 있는 여건 내에서 최대한의 장병 복지와 자유를 보장하고 있는지 먼저 생각하고, 그러지 못하고 있다면 먼저 그러한 여건을 보장하는 정책부터 추진되어야 한다. 그리고 그러한 폭넓은 자유와 복지를 보장한다는 방향성을 바탕으로 군을 개편해야 하는 상황이라면, 징병제를 유지하는 것보다 모병제를 도입하는 것이 더욱 타당한 방향성이라고 생각되지 않는가? 징병제 환원 국가의 예시로 드는 대만, 북유럽 3국의 장병 복지를 상세히 파악하였다면 징병제라는 단어에만 공통점이 있을 뿐, 한국의 징병제와는 도무지 비교하기가 어렵다는 것을 단박에 파악할 수 있으며 각각 중국 인민해방군과 러시아군이라는 만만치 않은 적성세력과 마주하고 있음에도 불구하고, 결정적으로 한국보다 "인구가 훨씬 적은" 수준임에도 불구하고 한국군과 같은 수준으로 징집률을 올리지도, 대체복무 선택권을 줄이지도 않았다는 것을 알 수 있다. 특히나 징집률이 높은 편이라고 하는 핀란드의 인구는 서울특별시의 75퍼센트 수준에도 미치지 못 하는 550만 여 명이며 스웨덴 역시 천만 명을 조금 상회하는 수준에 불과한데, 이는 경기도 인구보다 훨씬 적은 수치이다. 도대체 왜 한국보다 인구가 5배 내지 10배나 적은 국가들이 보장하는 장병 복지를 한국군은 제공하지 못하고 있단 말인가? 그리고 이토록 인구가 한국에 비해서도 훨씬 적은 국가들이 추진하고 도입했던 바 있는 모병제를 한국이 왜 도입하지 못한다는 말인가? 상술한 이유들로 인하여 징병제로 환원한 국가가 있다는 이유로 모병제 도입에 반대하는 것은 타당하지 않으며, 타 징병제 환원 국가들과 같은 자유 보장과 복무기간 단축, 장병 복지를 한국군이 이룩하지 못한 현 상황에서 징병제라는 단어에만 주목하여 모병제를 반대하는 것은 옳지 않다고 본 단체는 여긴다. 아울러 징병제 환원이라는 단어에 주목하기 보다는 한국보다 훨씬 인구가 적으면서도 훨씬 더 강한 주 적군을 마주하고 있는 국가들이 모병제를 도입하려는 시도 내지 실제로 모병제를 도입한 바가 있다는 사실 자체에 주목해야 하며, 그만큼 징병제가 국가 경제에도, 사회 문화적 측면으로도, 병사들의 사기 측면으로도 해가 된다는 것을 방증하는 선례라고 본 단체는 여긴다.

모병제는 전쟁이 끝난 나라에서나 시행가능한 제도이기에 휴전국에 해당하는 대한민국에서의 적용은 불가능하다?

이러한 의견에 대한 반론을 서술하기 이전에, 대한민국이 언제까지 "휴전 중" 이어야 하는가를 다시금 생각하여 볼 필요가 있다고 본 단체는 주장한다. 2장 및 3장에서 서술하였고 6-1장에서 후술할 내용이지만, 북한의 재래식 전면전 능력은 고난의 행군 이래 상실되었다고 판단되는 것이 현실이며, 핵무기와 핵무기의 대립이 이루어지고 있는 "화약고" 와 같은 한반도 전선의 현황을 고려하면 사실상 남북 모두 "군사력을 통한 유사시 무력 통일" 이라는 수단을 택할 수 없는 상황에 이르렀다. 한반도의 항구적인 평화를 이룩하기 위해서는 결국 "휴전 중" 인 상태에서 벗어나 "종전 선언" 을 이룩하기 위한 방향으로 나아가야 한다는 것이다. 모병제 도입 찬반 논쟁과 관련하여 항상 빠지지 않는 요소 중 하나가 한국은 휴전 상황에 있다는 것인데, 모병제를 도입해야 하는 핵심 내용이 바로 "미래를 위해서" 이다. 2장 및 3장에서 서술하였지만 "현재" 이러한 어려움에 봉착하여 있기 때문에 불가능하다는 의견은 모병제를 도입하는 것이 현재 사회에 미치는 부조리와 악영향을 개선하여 국가 사회의 미래를 도모하자는 측면이기 때문에 맞지 않다. 모병제는 가능한 한 빠르게 도입할수록 좋은 개념이다. 인구 감소 추세에 돌입한 현재에 불가능하다고 여긴다면 10년 뒤에도, 30년 뒤에도, 100년 뒤에도 불가능하다고 여겨질 것이다. 그리고 현재 반복되는 징병제로 인한 부조리들이 10년 뒤에는 더 심해지고, 30년 뒤에는 더더욱 심해질 것이며, 100년 뒤에는 국가를 존폐 위기로 내몰 것이다. 모병제가 어렵다면 모병제를 도입할 수 있는 환경을 만들기 위하여 노력해서라도 모병제를 도입해야만 하는 것이 우리 사회의 현실임을 다시금 직시할 필요가 있다. 혹자는 "모병제를 도입하자고 주장하는 건 휴전 중이라는 현실을 직시하지 못한 의견이다" 라고 주장하나, 본 단체는 오히려 모병제를 반대하는 것이 현실을 직시하지 못하는 것이라고 여기며, 되려 현실을 외면하고 현상 유지에만 치우친 관점에서 모병제를 반대하고 징병제를 유지하자는 의견이 나오는 것이라고 판단한다. 2장 및 3장에서 여러 차례 서술했지만, 징병제가 가면 갈수록 유지되기 어렵고, 유지될 수 없는 사회적 국면으로 가고 있는데 징병제를 어떻게 유지할 수 있단 말인가? 우리가 휴전 중이기 때문에 모병제가 불가능하다고 말하기보다 모병제를 도입하기 위해 종전 선언 등의 평화적 남북관계 해빙이 필요하다고 말하는 것이 더욱 현실을 직시하는 의견이라고 볼 수 있다. 결국 모병제를 도입하고, 휴전 중인 상황을 타개하기 위해 노력하여야 하는 것이 한국이 반드시 미래를 위해 나아가야 하는 길이며, 또한 그토록 징병제의 핵심적인 포인트로써 강조되는 대규모 병력의 유지는 100퍼센트 징집률을 유지하더라도 불가능하다는 것을 감안하여 봤을 때 모병제를 도입하는 것은 필연이다. 따라서 휴전 중이라는 것을 강조하며 모병제를 반대하는 것은 현실을 직시하기보다 외면하는 것과 같다고 본 단체는 여긴다.

모병제 도입 시 시민권을 노리는 하층 외국인 이민자들만 군대에 오게 될 것이며 보안에 문제가 생길 것이다?

이는 징병제에서 모병제로 전환하였을 때 군이 어떻게 변화하게 되는지를 분석하여 보면 충분히 반박이 가능하다. 모병제는 그 자체로 군인, 특히 병사 계급까지 모두 "직업 공무원" 으로 만드는 효과가 있다. 이는 군인에 대한 처우를 획기적으로 개선하여 군대에 대한 국민들의 거부감 및 기피감을 장기적인 측면에서 볼 때 개선하는 효과도 동반하여 창출시킬 수 있는 것이다. 미군의 경우 베트남 전쟁 이후 모병제로 전환하였을 때부터 지금까지 입대 자원들의 경제 소득 수준의 현황을 분석하여 보면 오히려 시간이 지날수록 하층민보다 중산층의 비율이 높아진다는 것을 확인할 수 있다. 또한 모병제가 도입된 군대에 "하층 외국인 이민자" 들이 대거 몰릴 것이라는 예측 자체가 모병제는 군인을 "직업 공무원" 으로 만드는 효과를 창출한다는 것을 간과한 의견이다. 앞서 서술하였듯 모병제의 도입은 곧 군인의 처우가 획기적으로 개선됨과 동시에 제복 공무원이라는 형태의, 업무상 위험성은 상대적으로 높지만 고용 안정성이 더욱 보장되는 직종이 된다. 이는 "계층 간 사다리" 의 형태로 기능하여 일자리 창출의 효과는 물론이고 신분 상승의 기회로도 모병제가 작용할 수 있다는 것이다. 또한 보안 문제를 지적하는 것 또한 타당하지 않은 것이, 하층 이민자가 아니라 부유층에 속한 사람들만 입대한다 해도 보안 문제가 허술하면 얼마든지 기밀이 유출될 수 있는 것이 군대이다. 군의 보안 문제는 오히려 군 기강 해이에 더욱 취약한 병역제도인 징병제일 때 더욱 심화되었으면 되었지, 모병제를 한다고 해서 군의 보안에 문제가 생긴다는 주장에는 근거가 심히 부족하다고 본 단체는 여긴다. 징병제에서 모병제로 병역 제도를 전환한 국가들은 많으며, 해당국의 군대에서 모병제를 도입한 이후 징병제 시절보다 군의 보안 문제가 심각해진 사례는 한 번도 들려오지 않는다는 점에서도 이를 알 수 있다. 또한 더욱 거시적인 관점으로 생각하여 보았을 때, 세계화와 다문화 융합에 속도가 붙고 있으며 이를 부정할 수 없는 것이 현재 지구촌이고 이는 한국 또한 예외가 아니다. 이민자라는 이유로 배척하기보다 한국 국적을 취득하고 한국 문화에 적응하도록 하여 한국인이라는 정체성을 가질 수 있도록 해야 하는 시대가 도래한 것이다. 모병제를 도입하고 군인을 선발하는 과정에서 "한국 국적, 한국어, 한국 문화에 대한 적응도" 또한 엄정히 심사하여 선발하면 해결될 문제이기 때문에 군의 보안 문제와 모병제를 하나로 묶어 주장하는 것은 타당하지 않다고 본 단체는 여긴다.

오랫동안 유지해왔던 징병제를 그대로 운용하는 것이 안보적으로 더욱 안전하다?

이러한 의견은 앞서 서술하였듯 현행 징병제가 인구 감소 추세에 대한 거시적 대응 방안이 사실상 부재한 병역 제도라는 것과, 현대전 패러다임의 변화에 징병제가 적합하지 않다는 측면을 감안하였을 때 충분히 반박이 가능하다. 과거 20세기 한국은 선진 강국의 경제력과 기술력을 갖추지 못한 동시에 청년 인구가 충분한 사회였기 때문에 징병제를 유지하여 뚜렷한 질적 우위를 확보하지 못하는 대신 거대한 병력을 바탕으로 하는 대규모 육군을 유지하여 양적 열위를 최소화하는 것이 안전한 국방이었고 실제로도 그래왔다. 그러나 현재의 대한민국은 선진 강국에 버금가는, 혹은 준하는 경제력과 기술력을 갖춘 동시에 청년 인구가 부족한 사회로 변모하고 있다. 20세기와는 처한 상황이 너무나도 판이하게, 정반대의 양상으로 달라진 것이다. 20세기에는 떨어지는 경제력과 기술력을 양적인 거대함으로 메꾸어 질적 열위를 최소화하는 군대로써 커버하였다면, 21세기에는 인구 감소로 인하여 더 이상 양적으로 비대한 군대를 유지할 수 없음을 인지하고 질적 우위를 극대화하여 양적 열위를 커버하는 형태의 국방으로 방향성을 수정할 필요가 있는 것이다. 징병제를 유지함으로써 항구적으로 대군을 유지할 수 있는 여건이 보장된다면 징병제를 그대로 유지하는 것이 나을 수도 있으나 현재의 인구 감소 추세라면 현재와 같은 대군을 항구적으로 유지하는 것은 커녕 10년을 유지하는 것조차 불가능하다. 이는 설령 징집률이 100퍼센트를 기록하더라도, 여성 징병제를 도입하더라도 크게 변하지 않을 것이 확실하므로 징병제를 유지하는 것이 거시적인 측면에서 절대 모병제보다 안전하다고 볼 수가 없다. 대군은 대군대로 유지할 수 없고, 질적 우위는 질적 우위대로 극대화하지 못하는 애매모호한 군대가 과연 항구적인 평화를 유지하는 데 기여할 수 있는 군대일지 본 단체는 의문을 제기할 수밖에 없다. 또한 현대전의 패러다임 변화 측면에서도 징병제는 안전한 안보에 적합하다고 볼 수 없는 제도이다. 앞서 3장에서 인용한 [최기일의 방산보국] 칼럼에서도 "군의 첨단화, 무인화와 더불어 병사 개개인의 숙련도와 사기가 중요하다" 는 점을 강조하며 그 근거로써 강제 징집된 러시아군 병사들의 사기 저하와 군 기강 해이가 "압도적인 재래식 전력의 양적 우위" 에도 불구하고 우크라이나를 상대로 승리를 가져가지 못하는 핵심적인 이유로 작용하고 있음을 서술하였다. 현행 징병제는 징집률 80퍼센트를 진즉 돌파하였고 90퍼센트 돌파를 목전에 두고 있는 상황에 처해 있는데, 이는 복무 부적격자의 입대 증가라는 부작용으로 나타나 병사 개개인의 사기 저하와 군 기강 해이로 고스란히 이어지고 있다. 이는 한국군이 그간 "거대한 재래식 육상 전력을 위시한 군대" 였음을 감안할 때 반드시 성찰하여 볼 필요가 있는 요소이다. 21세기로 들어서면서 무기, 장비의 첨단화와 무인화가 중요한 키워드로 자리잡고 있으며, 또한 그에 비례하여 병사 개개인의 질적 수준과 사기가 중요하다는 패러다임이 대두되는 상황에서 단기적인 병력 수 유지만을 가능하게 하고, 나머지 현대전 패러다임에 부합하는 요소들을 단 한 가지도 제대로 잡아내지 못하는 현행 징병제가 안보적으로 모병제보다 안전한 제도라고 볼 수 없다고 본 단체는 판단하며, 또한 진보적 변화가 두렵다는 이유로 변화해야만 할 때 변화하지 못 하는 것보다 최악인 선택지는 없을 것이라고 본 단체는 여긴다.

모병제 도입 시 국방력 약화는 필연적이며 병사수를 최대로 늘리는 것은 필수적이다?

이러한 논리가 지난 수십년 간 분단으로 인한 긴장감을 유지하고 있는 한국 사회에 지배적이었던 것이 사실이기는 하나, 마찬가지로 역사적인 선례로도 반박이 가능하고, 현대전 패러다임의 변화 측면에서 분석하여 보아도 어렵지 않게 반박이 가능하다. 병력 수를 최대로 늘리는 것이 필수적이라고 받아들여지는 이유는 6.25 전쟁 당시 북한이 우리보다 우위의 지상군 전력을 갖고 있었고 실제로도 이로 인해 낙동강까지 전선이 밀리는 위기에 봉착한 적도 있기 때문이다. 그러나 이제는 사정이 완전히 달라졌음을 파악해 볼 필요가 있다. 우선 당대 한국 경제는 세계에서 가장 빈약한 수준이었으며 북한보다도 열위에 있었다. 또한 주한미군이 철수한 직후였으며 탱크 한 대 보유하지 못했을 정도로 군 전력이 열악한 시기이기도 하였다. 그러나 한국이 경제 지표에서 북한을 추월함과 동시에 한국군의 전력은 북한을 능가하기 시작하였으며 이는 북한 경제가 사실상 세계 최하위권으로 떨어진 지금에도 핵전력을 제외한다면 변함없이 한국군의 압도적 우위가 유지되고 있다. 여기서 손쉽게 알 수 있는 사실은 국방력은 곧 경제력과 비례하고, 국방 예산과 비례하는 지표라는 것이다. 전 국민을 징병해서 군인으로 만든다고 하더라도 경제력에서 뒤쳐진다면 전쟁 극초반에는 앞설 가능성이 있다 할지언정 결과적으로 경제력이 열위에 있는 국가의 패배로 이어진다. 도리어 필요 이상의 대군을 무리하게 징병하는 것은 국가 경제를 등한시하는 것과 같고, 결국 경제력에서 문제를 드러내게 되므로 패배 및 망국으로 이어질 가능성이 더욱 높아진다. 이는 동서고금을 막론하고 전 세계에서 수없이 반복된 진리이다. 과거 고전기 그리스에서 가장 강력했다던 스파르타의 몰락과 멸망은 바로 발전하는 전쟁 패러다임에 뒤쳐진 것, 그리고 “경제적으로 타 폴리스에 비해 매우 열악했던 것” 이 직접적인 원인이었고, 수나라는 고구려와의 전면전에 113만 대군을 동원하고 전 국가적인 역량을 모조리 쏟아부었음에도 전술전략적 패착과 유지 보급 능력의 부실로 패배하였으며 “전쟁으로 인해 국가를 부양할 청년층이 줄어 경제적으로 큰 타격을 입은 나머지” 결국 망국의 길을 걷고 말았다. 제 2차 세계대전에서도 마찬가지로 추축국은 나치 독일을 필두로 한 만만찮은 군사력, 기술력을 보유했음에도 불구하고 미국을 필두로 한 연합국의 “경제력 부문에서의 우위” 를 결국 따라잡지 못하여 패망하였다. 전쟁에서 이기는 방법에 있어서 필수적인 것은 병사 수를 최대로 늘리는 것이 아니라 경제력을 최대로 늘리는 것임을 동서고금을 통틀어 역사가 증명하고 있는 것이다. 모병제 반대론의 핵심 중 하나라고 할 수 있는 부분이 한국군이 현재보다 축소되면 안보가 뚫린다는 논리이나, 정작 그 안보를 지키는 핵심이 경제력에 있다는 사실을 모병제 반대론은 전혀 반박하지 못하고 있다. 앞서 스파르타, 수나라, 추축국의 사례에서도 알 수 있듯 강한 군대를 위해서 병력의 수와 규모보다도 중요한 것은 경제력이며, 경제력을 키우기 위해서는 사회에서 생산 활동에 종사하는 인구가 많거나, 적정한 선에서 유지되어야 한다. 그러나 현재 한국의 징병제는 앞서 2장 및 3장에서 서술하였듯 사회의 생산 인구를 더욱 감소시키는 방향으로 진행되고 있다. 이는 도리어 장기적인 측면에서 봤을 때 한국군의 국방력 약화를 가속화시키는 요소로 작용할 수 있는 것이다. 따라서 본 단체는 모병제를 도입하면 국방력이 약화될 것이라는 논리가 국방력과 비례하는 경제력을 확보하는 데에 있어서 악영향을 미치는 것이 징병제라고 보며, 모병제 도입은 사회 생산 인구를 증가시킴으로 인해 실질 국방력을 강화하는 데 기여할 수 있는 모범적인 병역제도 개편이라고 판단한다.

여태까지 해본 적 없는 모병제로 병역제도를 바꾸는 것은 큰 모험이며 실패하는 경우 부작용이 전쟁에서의 피해로 돌아올 수 있다는 것을 생각하면 모병제 도입에 대해 회의감을 품는 것이 합당하다고 판단한다?

이는 역사적인 사실로도, 현재 한국이 처한 상황으로도 어렵지 않게 반박할 수 있다. 대한민국은 2장에서 상술하였지만 엄연히 건국 직후 병역제도를 모병제로 시작하였다. 그리고 6.25 전쟁 이전까지 징병제와 모병제를 번갈아서 시행하기도 하였으며, 징병제를 실시했다지만 그 징집률에 있어서 상당히 느슨하게 운영되었지, 현재 한국군처럼 징집률 90퍼센트라는 황망한 수치를 기록하는 수준이 절대 아니었다는 것 또한 기억할 필요가 있다. 현재의 징집률 자체가 박정희 정부 이후 징집률을 높이고 군의 양적 규모를 강화하는 기조가 군사정권을 거치며 계속 이어졌고, 그 결과 형성된 것이라고 보는 것이 옳다. 물론 마지막으로 모병제를 시행한 시기가 한국 전쟁 이전이기 때문에 사실상 모병제를 시행한 적이 없다고 하는 사람도 있을 수 있겠지만, “해본 지 너무 오래되었다” 와 “해본 적이 없다” 는 엄연히 다른 개념이라고 봐야 하는 것이다. 오히려 모험이라고 해야 하는 것은 모병제를 도입하여 군의 체질을 개선하는 것이 아니라 더 이상 유지될 수 없다고 판단되는 황망한 수치를 매년 기록하는 징병제를 계속 유지하는 것이 국가의 미래라는 측면에서 생각했을 때 훨씬 미래를 불안하게 만드는 모험에 가깝다고 할 수 있지 않은가? 모병제를 도입하는 과정에 있어서 후술하겠지만 즉각적 모병제 도입이 어렵다면 단계적으로 군에 모병제적 요소를 하나 둘 도입함으로써 부작용을 최소화시키는 방안 또한 고려하여 볼 수 있다. 또한 징병제를 유지한다 해도 현재와 같은 대규모 병력을 몇 년 유지하기조차 벅차다는 현실을 감안하여 볼 때 모병제를 도입하고, 작지만 강한 군대로의 체질 개선을 이룩해내지 못한다면 3장에서 서술하였듯 오히려 병역제도를 개편하지 않은 것이 사회 전체에 더욱 큰 부작용으로 다가올 것이며 유사시 전쟁에서의 더 큰 피해로 돌아올 것이 자명하다. 따라서 본 단체는 모병제 도입에 회의감을 품는 것이 당연하다고 여기지 않으며 오히려 "징병제를 유지하는 것이 가능한가?" 에 대한 회의감을 가지고 있고, 그렇기에 모병제 도입을 위하여 우리 국가, 사회가 하나 되어 최선을 다해야 한다고 여긴다. 앞서 3장에서 서술하였듯이 현재와 같은 수준의 징집률을 기록하고 있다는 것 자체가 황망한 수준의 결과치이며, 이는 군사 전문가들도 한 목소리로 지적하는 부분이다. 과연 이토록 지속 불가능하다는 것이 만천하에 드러나고 있는 한국의 징병제를 유지하는 것이 국가와 사회의 미래를 고려하였을 때 정녕 모험이 아니라고 할 수 있는지, 작지만 강한 군대로의 체질 개선을 통하여 위기에 봉착한 안보적 상황, 경제적 상황, 사회문화적 상황을 타개하고자 노력해야 한다는 의견을 모험이라고 치부할 수 있는지 면밀히 고려해 보아야 할 필요성이 충분하다고 본 단체는 판단한다.

분단 국가에서는 징병제가 유일한 답이며 모병제는 불가능하고, 현재 발생하는 병력 수 부족 문제 등을 해결하기 위해서는 여성 징병제가 적절하다?

이는 인구 감소 추세에 돌입한 한국 사회의 현실을 감안하고 미래를 내다보지 않은 채 오직 현재의 병력 수 부족 문제만을 바라본 관점이라고 본 단체는 반박한다. 앞서 수 차례 강조하였던, 징병제가 더 이상 유지 불가능한 이유의 핵심이 무엇인가? 바로 인구 감소 추세에 돌입한 현재 한국 사회의 현황이라고 볼 수 있다. 남성 인구만 줄어드는 것도 아니고, 여성 인구가 남성 인구보다 느리게 줄어드는 것도 아니다. 또한 여성을 징병한다고 해서 출산율이 오르는 것도 아니고, 감소하는 청년 인구의 문제, 대군 유지가 근본적으로 불가능하다는 문제를 항구적으로 해결할 수도 없다. 그저 오늘 먹을 쌀이 떨어졌으니 내일 먹을 쌀을 퍼서 밥을 해 먹자는 주장에 가깝다. 결국 여성 징병제를 실시한다고 해도 병력 부족 문제는 잘해야 임시 방편 수준에 그칠 뿐 완벽히 해결되지 못할 것이며 언 발에 오줌 누기 식 대책이 될 뿐이다. 더 직설적으로 서술하자면 오늘 터질 폭탄을 내일 2배, 3배로 크게 터지게 하는 것과 같은 제도가 여성 징병제라고 볼 수 있는 것이다. 군인의 수가 부족해지는 것은 당연하겠지만 인구 감소 추세에 돌입하였기 때문이며, 여성을 징병한다는 것은 안 그래도 부족한 사회 생산 인구를 더 빠르게 줄인다는 것과 같고, 경제력을 등한시한 채 병력 수 유지를 위해 국가 경제를 더 쥐어짜겠다는 것이나 다를 바가 없는 최악의 방향성이라고 할 수 있다. 앞서 "병력 수를 최대로 유지하는 것은 필수적이다?" 라는 의견을 반박한 부분에서 서술하였듯이 동서고금을 막론하고 전쟁에서 패배하고 망국의 길을 걷게 된 국가들은 "경제력을 우선하지 않고 더 많은 병력을 동원하기 위해, 더 큰 군대를 보유하기 위해 국가 경제를 쥐어짜서 전쟁을 수행했다" 라는 공통점을 보유하고 있다. 이러한 역사적 사실을 외면한 채 병력 수 부족이라는 키워드에만 매몰되어 여성 징병제를 주장하는 것은 도리어 국방력을 강화하거나, 유지시키기는 커녕 경제의 불안정성을 극대화하는 부작용을 초래하여 종국에는 국방력을 약화시키는 길을 가자는 것과 같다. 국방 정책과 병역 제도는 항상 현재를 바라볼 뿐만 아니라 미래 또한 바라보고 계획하며 개편하여야 한다. 당장 여성 징병제를 도입해서 병력의 수는 조금 더 확보 가능할지 몰라도 머지않은 미래에 그 대가를 "사회 생산활동 인구 감소의 가속화로 인한 경제력 약화" 라는 대가로 치를 것이고, "경제력의 약화로 인한 민생 어려움 증대 및 국방력의 약화" 라는 부작용이 도미노가 무너지듯 연쇄적으로 나타날 것이다. "국방력을 유지하기 위해" 여성까지 징병하고도 상술한 부작용을 동시에 맞닥뜨리게 된다면 진지하게 국가의 존폐 위기를 거론해야 할 지도 모른다. "나무를 보지 말고 숲을 보아라" 라는 격언이 있듯이 이제 병역 제도를 논함에 있어서 "병력 부족" 이라는 나무가 아닌 "인구 감소와 현대전 패러다임의 변화" 라는 숲을 보아야 할 것이고, 그 숲을 "작지만 강한 군대로의 체질 개선을 통하여 사회에 산적한 부작용을 해소한다" 는 밀림으로 만들어 나아가야 하는 것이다. "사회 생산 인구" 라는 숲을 계속 벌목하자는 관점으로는 "군대" 라는 나무 또한 생존할 수 없다는 것을 상기하여야 한다고 본 단체는 강조한다.

여성 징병제로 여성을 군대로 징집하는 것을 기본으로 하되, 출산 시 병역면제 혜택을 준다면 여성 징병제로서 출산율 문제도 해결 가능하다?

이러한 논리는 일고의 논할 가치가 없다 싶은 수준의 극단적인 의견이기는 하나, 극히 일부의 이러한 의견이 인터넷 커뮤니티에 간혹 올라오거나 하는 경우가 있으므로 구태여 하나씩 반박해 보고자 한다. 애초에 징병제로 인하여 군에 징집되는 나이 자체가 20대 초중반이다. 출산 시 병역 면제 혜택을 받을 수 있는 여성이 현실적으로 얼마나 되겠는가? 이는 지나치게 생명의 소중함을 경시하고 출산율이라는 양적 지표만을 높이면 모든 사회 문제가 해결된다는, 반지성주의에 가까운 논리이다. 아무리 저출산 국면에 한국이 접어들었다지만 "군대 가기 싫으면 아이를 낳아라" 라는 개념 자체가 21세기 민주주의 국가에서 있을 수 없고 있어서도 안 될 사상이다. 대한민국은 차

우셰스쿠 시절 루마니아가 아니며 그리 되어서도 안 된다. 앞서 언급했듯 징병제로 인하여 군에 징집되는 나이 자체가 20대 초중반을 크게 벗어나지 않는다는 것을 감안할 때 그 나이에 이미 결혼 내지 사실혼 관계를 성립하고 아이를 낳아 키울 수 있을 거라는 전제 자체가 현실성을 단 하나도 고려하지 않은 궤변에 가까운 논리이고 민주주의 국가의 국민이라면 해서는 안 될 말에 가깝다. 또한 아이를 낳고 기른다는 것은 개인으로써, 가족으로써 매우 숭고하고 중요한 일일 뿐만이 아니라 국가와 사회 입장에서도 장차 이 나라를 지탱하고 발전시킬 인재가 자라나는 과정이라는 측면에서 매우 중요하게 생각해야 할 과정이고, 사실상 대한민국의 미래를 싹트게 하고 자라나게 하는 과정이라고 볼 수 있다. 당장 징집률 90퍼센트를 기록하는 지금의 한국군조차 징집된 병사의 아내가 아이를 낳으면 그 즉시 상근예비역으로 전환시킬 정도이다. 어떻게 생명의 중요성과 숭고함을 이토록 경시하는 반지성주의적 발상이 나올 수 있는지 믿어지지가 않을 수준이며, 애초에 궤변에 가까운 의견이라고 본 단체는 여긴다.

모병제 도입을 주장할 때 근거로 말하는 '징병제는 인권 탄압' 이란 의견은 받아들일 수 없으며 상시 전쟁이 발발가능한 휴전국이라는 특수성을 고려할 때 국민이 국방의 의무를 다하는 것은 필연적이다?

이는 국방의 의무와 병역의 의무를 동일하게 생각하는 오류에서 기인한다. 국방의 의무는 병역의 의무와 동일한 개념이 아니다. 앞서 3장에서 서술하였듯이 헌법 제 39조에는 "모든 국민은 법률이 정하는 바에 의하여 국방의 의무를 진다" 라는 내용이 명시되어 있을 뿐 "병역의 의무" 라는 내용을 헌법에 직접 명시하지 않았다. 병역의 의무는 법률인 '병역법' 에 의하여 징병제를 제도화하고 있을 뿐이며 병역법을 개정하여 병역 제도를 모병제로 전환할 경우 '법률이 정하는 바' 에 따라 국방의 의무를 지는 것이다. 국방의 의무는 전시 동원 등의 개념을 모두 포함한 포괄적인 개념에 해당하므로, 당연하겠지만 휴전국이라는 특수성을 고려하지 않더라도 국민이 "국방의 의무" 를 다하는 것은 필연적이다. 그러나 앞서 수많은 근거들을 통해 반박한 것처럼 국방의 의무가 "병역의 의무" 와 동일시될 수는 없고, 그럴 이유도, 필요성도 없다. 또한 "징병제는 인권 탄압이 아니다" 라는 논리는 대체로 "휴전국이라는 특수성" 속에서 살아가고 있다는 사실에서 기인하는 경우가 많은데, 휴전 중이라는 사실이 국방을 등한시해서는 안 된다는 근거로 작용할 수는 있어도, 징병제가 인권 탄압이라는 사실을 단지 휴전 중이라는 이유로 정당화할 수는 없다. 더군다나 한국의 징병제는 경제적으로 어려워도, 신체적으로 질병을 가지고 있더라도, 정신적으로 폐쇄적인 환경에서 적응하기 어려운 성격을 갖고 있어도 가차없이 징병하고 있다. 이런 부조리가 "휴전 중" 이니 어쩔 수 없다고 용인될 수 있는 문제인가? 차후에 병력 수가 부족하다고 여성을 징병하고, 장애인을 징병하는 상황에 돌입하더라도 휴전 중이니까 인권 탄압이 아니라고 할 수 있는가? 인권은 나라가 어렵다고 존중하지 않아도 되는, 소위 취사 선택이 가능한 개념이 아니다. 인권은 그 자체로 존중받아야 마땅한 것이며, 병력 수가 부족하다는 이유로 황망한 수준의 징집률을 기록하고 있는 지금의 한국군이 "휴전 중이니 어쩔 수 없다." 라는 논리로 인권 침해를 정당화하고 있는 것에 불과하다. 휴전 중이라는 것은 결단코 징병제와, 그로 인한 청년 인권 탄압의 실상에 대한 면죄부로 작용할 수 없다고 본 단체는 여긴다.

추가적으로 모병제에 대해 대중들이 갖고 있는 기타 오해 및 통념에 대해서도 분석하여 보고 이에 차례대로 반박하고자 한다.

모병제로 입대한 군인들은 징병제로 입대한 군인들에 비해 애국심이 부족하고, 전투 돌입 시 사기와 기강이 떨어진다?

징병제로 인하여 강제로 입대하게 된 병사들의 사기 저하와 군 기강 해이는 모병제 군대보다 더 하면 더 했지, 절대 모병제로 입대한 군인보다 강력한 사명감을 가진 군대가 될 수 없다는 것을 러시아 - 우크라이나 전쟁이 그 자체로 입증하고 있으며, 이는 강제 징집이 인권 측면에서 정당화될 수 없을 뿐만 아니라, 전쟁의 승리를 가져와야 한다는 측면에서도 매우 부적절한 행위임을 보여주는 강력한 근거이자 현황이다. 3장의 현대전 패러다임의 변화 부문에서 자세히 서술하였지만 러시아 - 우크라이나 전쟁에서 강제 징집된 러시아군 병사들의 사기 저하는 군 기강 해이로 그대로 이어졌으며 이는 러시아군의 저조한 성과라는 결과로 나타나고 있다. 우크라이나가 러시아보다 강력한 재래식 전력과 대군을 갖추고 있는 것도 아니었고, 징집률을 90퍼센트로 유지하는 것도 아니었다. 도리어 전쟁 발발 이전까지 젤렌스키 대통령은 단계적으로 모병제 도입을 위한 병역제도 개편에 시동을 걸고 있었으니 더더욱 그렇다. 3장에서 칼럼을 인용하여 다루었지만, 현대전의 패러다임 변화, 그 중에서도 첨단 장비의 집중적인 발달과 드론 등의 무인화전력 발달로 인하여 병사 개개인의 질적 수준과 사기 진작이 전황에 미치는 영향이 과거 벌어졌던 전쟁 양상에 비하면 현저히 높아졌다는 것이 전문가들의 분석이다. 이러한 측면에서 보았을 때, 모병제는 병사 개개인의 숙련도와 질적 수준을 매우 높이기 때문에 강제 징집된 병사들에 비하여 유사시 전적 도주 등으로 기강 해이가 벌어질 확률이 현저히 낮아진다. 2장에서 서술하였듯 한국군의 병영 내 부조리 실태와 복무 부적격자 문제는 파주 칼부림 사태에서도 인식할 수 있듯 그야말로 절정으로 치닫고 있는 상황이다. 일선 장교/부사관들은 이러한 복무 부적격 병사 문제로 인하여 “전투가

가능한 군대" 는 고사하고 최소한의 유지조차 어려운 "관리형 군대"로 군이 전락하였다고 호소하고 있다. 실제로도 「병역관리심사대 입소 현황」에서 이를 어렵지 않게 알 수 있는데, 국군병원 군의관의 진찰 자료와 학창시절 생활기록부 등 모든 면에서 철저한 자료를 바탕으로 판단되는 복무 부적격 전역 인원이 2015년에 4572명이었고, 2019년에는 6202명으로 늘었으며, 2020년도에는 2015년도의 총 부적격 전역 인원수를 8월에 이미 추월하였을 지경이었다고 한다. 그렇게 병력 수를 유지하기 위해 전 세계에서 유례가 없는 수준의 황망한 징집률을 유지하고 있어도 대략 1~2개 여단 인원이 매년 군에서 신체적, 정신적 사유로 부적격 전역하는 것이다. 물밑에서 군 복무 부적응자임에도 불구하고 부적합 판정을 받지 못하여 군 생활을 이어나가고 있는, 장병 병영생활 도움제도 안에 있는 인원까지 합한다면 실로 어마어마한 비율의 복무 부적격자가 군 내부에 산재해 있음을 알 수 있다. 본 단체는 이러한 환경에서 강제 징집되어 군 복무를 수행하는 병사들이 "내 나라를 내가 지킨다" 라는 사명감으로 무장하여 전투에 임할 것이라고 확신할 수 있는지에 대한 의문을 제기할 수밖에 없다. 제대로 된 대우를 받고 복무 부적격자를 제대로 내보내면서 수 년을 고도의 커리큘럼으로 훈련시키고 첨단 장비를 조기 도입하는 환경에서 복무하는 병사들이 사명감으로 무장하여 전투에 임할 확률이 높을지, 매년 2개 여단 수준의 병력이 부적격으로 조기 전역하고 그 이상의 병력이 전투 수행이 불가능한 상황에 놓인, "관리형 군대"라는 실상이 개선되지 않는 환경에서 복무하는 병사들이 사명감으로 무장하여 전투에 임할 확률이 높을지를 비교한다면 당연히 전자 쪽으로 무게가 실리는 것이 타당하지 않겠는가? 모병제는 도리어 군의 사기를 더욱 진작시키고 군 기강을 확립하는 데 있어서 적합한 병역제도이며, 징병제는 병사 개개인의 사기 진작과 전투력 향상, 군 기강 확립에 있어 악영향을 미칠 뿐 절대로 적합한 제도가 아니라는 것을 본 단체는 이러한 근거를 들어 다시금 강조하는 바이다.

수도권에 많은 인구와 인프라가 집중되어 있는 특성상 반드시 대규모의 병력을 동원하여 휴전선에서 틀어막는 국방만이 살길이고, 이를 위해서는 징병제가 반드시 필요하다?

분명히, 수도권에 대다수의 인구와 인프라가 집중된, 소위 "서울공화국" 이라는 현상이 저출산의 근원 중 하나이자 이토록 황망한 수준의 징집률을 바탕으로 한 징병제가 유지되는 원인으로 작용하고 있음을 본 단체 역시 부정하지 않는다. 그러나 위 문단에서 꾸준히 서술하고 있듯 이제는 모병제를 도입할 여건, 환경이 마땅치 않다면 그러한 여건, 환경을 만들어 내서라도 모병제를 도입하여야 하는, 그 정도로 병역제도 개편의 필요성이 절실한 상황에 도래하였다. 다르게 말하자면 "지방으로 인구와 인프라를 분산시켜 모병제를 도입할 수 있는 환경을 만들어서라도" 인구 감소 추세와 현대전 패러다임의 변화를 감안하여 볼 때 반드시 모병제를 도입해야 한다는 것이다. 지방시대의 개막과 모병제의 도입은 반드시 하나의 주제로 묶여 동반 추진되어야 한다고 본 단체는 강조하고 있다. 모병제의 이득 파트에서 후술하겠지만 "징병제가 유지되는 이유" 도 수도권 집중이고 "저출산이 지속되는 이유" 또한 수도권 집중에서 그 근원을 찾아볼 수 있다. 그리고 이제는 "저출산" 으로 인해 "징병제로도 대군을 유지할 수 없는" 상황이 도래하기도 한 상황이다. 많은 인력으로 수도권을 틀어막는 전략 자체가 앞으로는 불가능해질 것인데, "수도권을 방어하기 위해서는 징병제가 필요하다!" 라는 근시안적 관점을 바탕으로 징병제를 유지하는 것보다 "모병제를 도입하여 지속 가능한 국방, 균형 발전이 가능한 사회를 도모해야 한다!" 라는 거시적 관점을 바탕으로 국방 정책과 사회, 문화 정책이 추진되어야 하지 않겠는가? 혹자는

"이미 서울 및 수도권은 특수한 지위를 바탕으로 절대적인 위상을 확보하였기에 지방으로의 인구, 인프라 이전은 불가능하다" 라고 말할지도 모른다. 그러나 '어려운' 개념과 '불가능한' 개념은 다르다. 모병제 도입과 지방으로의 인구, 인프라 이전은 '쉽지 않다는 것이 분명하나 할 수 있는' 반면에, 징병제를 바탕으로 수도권을 충분히 인력으로 막을 법한 수준의 규모를 유지하는 것은 상술하였듯 '징집률 100퍼센트로도 불가능하다' 는 결론이 나와 있는 상황이다. 더 이상 유지하는 것이 불가능한 제도를 붙잡고 발만 구르며 시간을 끌고 있기보다는, 할 수 있을 때 빠르게 변화의 길로 나아가는 것이 옳은 선택임은 절대로 부정할 수 없을 것이다. 본 단체는 분명 모병제 도입과 지방으로의 인구, 인프라 분산이라는 중차대한 과제를 우리 사회가 앞두고 있고, 이는 쉽지 않은 과정이 될 것임이 자명하지만 쉽지 않다고 해서 이러한 변화를 거부하고 미시적인 관점으로 징병제를 유지할 경우, 이는 한국 사회에 더욱 큰 위기로 다가올 것이라고 여긴다.

5. 국가재정을 절약하는 모병제

본 단체는 모병제 도입이 징병제 유지에 비해 국가재정이 더 드는 것이 아니라 오히려 덜 든다고 판단하며, 모병제를 도입함으로써 절약될 국방예산 및 국가 재정의 규모가 최소한 장병 복지 및 첨단 무기 도입에 사용할 수 있는 수준에 이를 것이고, 더 나아가서는 사회 전체의 복지 제도를 더욱 체계화하고 생활 인프라를 증설하여 국민의 삶의 질을 향상시키는 데에도 모병제 도입으로 얻을 수 있는 편익이 매우 크게 적용되는 수준에 이를 것이라고 여긴다. 이번 장에서는 모병제가 국가재정을 절약한다는 사실을 크게 두 가지 근거를 바탕으로 설명하고자 한다. 첫 번째로는 미국의 징병제 폐지 및 모병제 도입 과정에 큰 기여를 한 경제학자 밀턴 프리드먼의 사례를 인용하여 모병제의 국가재정 절약 효과가 구체적으로 어느 정도인지, 징병제에 비하여 모병제의 사회적 비용이 얼마나 절감되는지를 설명하고자 한다. 밀턴 프리드먼은 1966년 '징병제와 개혁방안' 이라는 컨퍼런스를 열고 "징병제는 젊은이들에게 일종의 세금을 부과하는 것과 같다" 라고 역설하는 등 미국의 모병제 도입에 많은 노력을 기울인 바 있는데, 프리드먼은 '징병제와 개혁방안' 컨퍼런스에서 "민간 사회에서 주당 100달러를 받고 일할 수 있는 젊은이를 징집해 주당 45달러로 복무하도록 강제한다면 미국 정부는 그 징집병에게 55달러의 '세금' 을 부과하는 것이 된다. 이 같은 세금은 징집병이 아니라 모든 국민이 부담하여야 할 사회적 비용이다. 따라서 징집의 진정한 비용은 예산에 계상되는 비용과 징집병에 부과되는 세금을 합한 것이 되어야 한다." 라는 내용을 역설하며 "징집, 즉 징병제의 사회적 비용은 모병제보다 더 많을 것이다." 라고 주장하였고 실제로 그의 주장은 추계를 통해 뒷받침된다는 사실이 머지않아 드러나게 되었다. 그의 발언대로 징병제는 결단코 '공짜 점심'이 될 수 없다는 것이 경제적 측면에서 증명된 것이다. 한국의 사례를 프리드먼의 발언에 대입하여 조금 더 구체적으로 서술하자면, 대한민국의 현재 최저임금은 시간당 9,860원이고, 이를 고정 근무시간(병사의 근무 시간과 가급적 유사하도록, 하루 8시간, 주 5일을 기준으로 주휴시간 35시간을 포함하여 월 209시간을 근무한다고 가정하였다)이라는 가정 하에 민간 사회에서 받을 월급을 계산하면 "최소" 2,060,740원을 달마다 수령할 수 있게 된다. 민간 사회에서 시간당 "최소" 9,860원을, 1개월당 "최소" 2,060,740원을 받으며 일할 수 있는 청년이 군대에 징집당하여 1년 반을 복무한다고 가정하였을 때 받는 시급은 24년 기준 이등병이 3,062원, 일등병이 3,828원, 상병이 4,785원, 병장이 5,981원이다. 이를 바탕으로 계산하여 보면 1년 6개월 동안 군에 징집된 청년은 "최소" 8,141,700만원을 수령하고, 군 장병을 대상으로 하는 적금 제도를 포함하여 징집된 청년이 1년 6개월간 받을 수 있는 금액을 "최대한으로 가정하여" 계산하여도 18개월 동안의 수익이 대체로 15,000,000원 정도를 크게 상회하지 못한다는 결과값과, 20,000,000원 가량을 넘어서는 것이 매우 어렵다는 결과값이 산출된다. 같은 기간 동안 군에 징집당하지 않았다고 가정할 경우 12개월 동안 "최소" 24,728,880원을 수령할 수 있고, 18개월로 환산하면 "최소" 37,093,320원을 수령할 수 있으므로, 이는 한국의 징병제가 한 명의 남성 청년에게 18개월 간 "최소" 17,093,320원에서 22,093,320원 정도를 세금으로 징수하는 것과 같다는 것을 의미한다. 이는 단지 "최저임금" 만을 기준하여 환산한 것이므로, 민간 사회에서 모든 청년들이 단지 최저임금 '만' 받고 일하지 않는다는 것을 감안한다면 실제로 남성 청년들에게 한국의 징병제가 징수하는 세금은 이를 어마어마하게 상회하는 규모일 것이라고 손쉽게 유추할 수 있다. 극단적인 사례이긴 하나, 예를 들어보면 현재 군 복무 중인 방탄소년단이 만약 징집되지 않았을 경우 18개월 동안 민간 사회에서 올릴 수 있는 수익이 어느 정도나 될 것 같은지를 추산하여 보면 손쉽게 납득할 수 있을 것이다. 그리고 "징집의 진정한 비용은 예산에 계상되는 비용과 징집병에 부과되는 세금을 합한 것이 되어야 한다." 라는 밀턴 프리드먼의 발언을 참고한다면, 징병제로 인해 소모되는 실질 비용은 최저임금을 기준으로 최소한으로 계산하더라도 "남성 청년 1명이 18개월간 17,093,320원~22,093,320원을 징수당하지 않아도 되는" 모병제 하에서의 실질 소모 비용에 비교하였을 때, 국가 재정에 매우 큰 부담으로 작용한다고 판단될 정도로 그 액수가 상당하다는 것을 알 수 있다. 이러한 사실을 바탕으로 모병제를 도입할 경우 군인 개개인, 병사 개개인에게 지불해야 하는 인건비는 당연히 증가하지만 "남성 청년들이 징집당하지 않고 다양한 분야에서 경제 활동을 이어갈 수 있을 경우 절감할 수 있는 사회적 비용과 그로 인해 취할 수 있는 편익" 을 복합적으로 계산하여 보면 모병제 도입은 징병제에 비하여 사회적 비용을 오히려 감소시키고 취할 수 있는 편익을 극대화하여 국방 예산 증액 및 국가 재정 추가 확보에 실질적으로 크게 기여하는 병역 제도라고 볼 수 있는 것이다. 이 같은 내용은 시카고대 경제학 박사인 월터 오이의 논문에도 그대로 서술되어 있으며, 실제로 월터 오이의 논문은 밀턴 프리드먼의 컨퍼런스 발언과 함께 미국의 모병제 도입에 핵심 근거로써 인용된 바 있다. 두 번째 근거로는 인구 감소 국면 속에서 징병제가 유지될 경우 국가 재정이 악화된다는 것이다. 인구 구조의 변화는 지역 경제부터 사회 복지까지 광범위한 영향을 미치게 되는데, 현재 한국의 인구 감소세를 분석하였을 때 장기적으로 생산 활동에 종사하는 인구의 감소와 고령화가 함께 진행되면서 청년에게 가해지는 세금 부담이 더욱 심해질 것임은 자명한 사실이 되었다. 그리고 여기에 더해 90퍼센트에 육박하는, 당장 올해부터 90퍼센트에 도달하는 징집률을 기반으로 하는 징병제가 계속해서 유지될 경우 20대 남성 인구가 현재의 절반 수준으로 감소하는 2045년 즈음에는 현재와 같은 수준의 국방 예산과 국가 재정을 무슨 수를 써도 확보할 수 없게 된다. 상술한 밀턴 프리드먼의 발언에서 알 수 있듯이 현재 한국의 징병제는 사실상 남성 청년 1명에게 18개월간 1700만원에서 2200만원 정도의 세금을 징수하는 것과 같은 제도이고, 이 세금은 전 국민이 부담해야만 하는 사회적 비용에 해당하므로 징병제로 인해 부담해야 할 세금의 총액을 5,150만 명의 국민이 부담하게 된다. 그러나 현재의 추세가 계속 이어진다는 가정하에 2045년에는 남성 청년의 수가 현재의 절반 수준으로 감소하는 등 크나큰 인구 감소의 여파로 인하여 한국의 총 인구가 4천 6백만 명대로 감소할 것이라는 관측이 제기되고 있다. 징병제가 계속 유지된다고 가정할 시 5,150만 명이 부담하던 징병제로 인한 사회적 비용을 4,600만 명이 부담해야 하므로, 국민 1명이 부담해야 하는 사회적 비용이 훨씬 커지는 결과를 맞이하게 되는 것이다. 이는 자연스레 국가 재정의 여유, 국방 예산의 충분한 확보를 어렵게 하는 요소임에 분명하고, 따라서 징병제를 유지하는 것은 국가 재정을 어렵게 만들어 결과적으로 예산의 불안정성을 높이는 악영향을 미친다. 경제력과 국방예산이 국방력에 그대로 비례하는 현대전 패러다임의 특성상 실질 국방력이 약화될 가능성이 높다는 부작용은 당연지사다. 2067년 즈음에 이르러 한국의 총인구가 3천만명대로 감소할 것이라는 통계를 고려하면 모병제를 도입하지 않는 한 징병제는 지속적으로 한국의 국방력과 경제력을 옥죌 것임에 분명하고, 국가 재정의 비효율적인 낭비 또한 지속적으로 초래할 것이다. 모병제를 도입하면 앞서 언급하였던 청년의 생산 활동 증대로 인한 편익을 시작으로 국가 경제의 안정성 강화, 국가 예산의 비약적 증액이라는 효과를 가져올 것이고, 이는 결과적으로 국방 예산을 절약하는 효과와 같다. 100만원의 수익을 올려 30만원을 지출하는 것과 200만원의 수익을 올려 60만원을 지출하는 것 중 어느 쪽이 더욱 경제적이며 국가 재정을 절약하는 길인가? 상식적으로 이에 대한 정답은 당연히 후자일 수밖에 없다. 본 단체는 이러한 근거를 바탕으로 징병제를 유지하는 것이 "100만원을 벌어 30만원을 쓰는" 것과 같고, 모병제를 도입하는 것이 "200만원을 벌어 60만원을 쓰는" 것과 같다고 판단한다.

본 단체에서 산출한 완전 모병제 시행 시 얻을 수 있는 기회비용은 다음 표와 같다고 여긴다.

100% 모병제 하에서의 1인당 생에 소득	징병제 하에서의 1인당 생에 소득	1인당 얻는 모병제 기회비용
26억 7000만 원	25억 1178만 원	1억 5822만 원

100% 모병제에서의 전체 기회비용	100% 모병제에서의 매년 기회비용
7910조 7766억 6665만 원	158조 2155억 3333만 원

모병제를 통해 얻을 수 있는 주변국과의 관계 변화 등의 이점

IV

모병제를 통해 얻을 수 있는 주변국과의 관계 변화 등의 이점

이번 장에서는 모병제를 통해 얻을 수 있는 주변국과의 관계에서 얻을 수 있는 이점을 중심으로 글을 전개할 것이다. 단순히 군사안보적 관점에서의 이점만이 아닌 모병제를 통해 얻을 수 있는 국제외교 및 경제적 이점, 국내 정치/경제/사회/문화적 이점까지 포함하여 얻을 수 있는 모든 이점을 가능한 한 폭 넓게 서술해보고자 한다. 징병제의 한계는 비단 외교/안보적인 문제일 뿐만이 아니라 국가 사회 전체의 총체적 문제와 결부되어 있으며, 본 단체는 징병제 유지로 인하여 해결되지 못하고 있는 이러한 문제들을 모병제 도입을 통하여 어떻게 해소할 수 있는지, 어떠한 새로운 진보를 우리 사회가 이룩할 수 있는지를 가능한 한 모든 관점에서 분석하여 서술하였다.

6. 각국과의 관계에서의 이점

6-1. 남북관계에서의 이점

우선, 대한민국의 모병제 도입에 있어 가장 중요한 측면이라고 볼 수 있는 남북관계에서의 이점 및 기대효과를 설명해보고자 한다. 남북관계를 안보적 측면으로 분석하였을 때, 가장 크게 작용하는 문제적 요소가 바로 “휴전 중” 이라는 애매모호한 안보적 상황에 처해 있다는 것이다. 한반도 전선은 현재 상호확증파괴 이론 및 핵우산 조항에 의거하여 북/중 진영이 핵을 사용할 경우 한미동맹에 의거 미군 역시 핵무기로 대응하도록 되어 있으며, 이는 조중동맹조약을 통해 묶여 있으며 핵전력을 보유한 북/중 역시 크게 다르지 않을 것이라 예상할 수 있다. 사실상 한반도에서 전쟁이 재발한다면 동북아시아 전체의 공멸을 가져오는 결과로 이어질 것임을 한미와 북중이 모두 인지하고 있는 상황에서 양 진영 모두 현상 유지 이상의 군사적 시도를 결행하기 어려운 환경에 놓여져 있다는 것을 우리는 쉽게 유추할 수 있다. 특히나 최근 들어서는 열악한 경제 사정에도 불구하고 억지로 대군을 유지하던 북한 또한 인구 감소라는 문제를 인정하고 복무 기간을 단축하고 있다는 정보가 몇 년 전부터 드러나고 있으며, 128만 명 수준이라는 북한군의 상비 인원은 말 그대로 "정확히 추정할 수 있는 근거가 없기 때문에" 국방백서에서 이에 관련한 수치가 일체 변하지 않고 있다는 것으로 여겨진다. 한국개발연구원(KDI)과 한국국방연구원(KIDA)의 연구 결과에 따르면 북한군 병력은 2013년 110만여 명을 기록한 후 내부적인 복무 단축 기조에 따라 감소하고 있는 것으로 파악되며, 2021년에 100만 명 이하로 규모가 감축되었고, 2026년에는 80만 명 대에 돌입할 것이라고 예상된다고 한다. 아울러 미야모토 사토루 일본 세이가쿠인대학교 교수는 세계 북한학 학술대회에서 유엔인구기금의 도움 속 집계된 북한의 1993년과 2008년 인구 수에 기반하여, 북한의 정규군 병력은 70만여 명으로 추산된다고 발표한 바가 있다. 본 단체는 이러한 근거를 바탕으로 북한 역시 자신들의 빈곤한 경제력과 부족한 인구 수로는 남한과의 재래식 전면전이 불가한 상황임을 인지하고, 비대칭 전력인 핵무기 개발에 투자하여 '멸공 통일' 을 최소한 저지하자는, "체제 유지" 를 최우선으로 염두하고 있을 가능성이 충분하다고 분석한다. 즉, 남북관계의 항구적인 평화가 유지되기 위해서는 더 이상 군사적 수단, 무력적 수단을 통하여 우위를 차지한다는 접근에서는 돌파구를 찾기 어려우며 결국 비무력적 수단을 통하여 한반도 평화를 항구적으로 유지하는 방안을 찾아 나가야 한다는 결론으로 이어지는 것이다. 이러한 측면에서 양 진영은 결국 "완전한 종전" 이라는 결과물을 이끌어내기 위한 방향으로 나아가야 하고, 이는 모병제 도입과도 같은 결에서 다루어질 수 있다. 현행 징병제는 필연적으로 "멸공통일", 즉 유사시 무력으로 한반도를 통일시킬 수 있어야 한다는 것을 전제하고 있다. 그렇기에 핵전력으로 인한 긴장감을 유지하고 있는 한반도 전선에서 더 이상 핵무기가 배제되는 형태의 재래식 전쟁이 발발할 가능성이 없어졌음에도 불구하고 상비군 50만 명이라는 기준에 맞추어 청년을 징병하는 형태의 병역제도가 유지되고 있다. 이는 앞서 언급한 "휴전 중" 이라는 애매모호한 상태에 놓여짐으로 인하여 발생되는 문제점이라고 볼 수 있다. 모병제를 도입할 경우 "멸공통일" 즉 무력 통일을 전제하고 있던 국군의 방향성이 "현상 유지 및 실효지배 국토 방위" 목적으로 대대적으로 개편되는 것이 필수불가결하게 된다. 고난의 행군 이후 북한 주도의 통일, 즉 "적화통일" 가능성이 사실상 0에 가까워진 상황에서 대한민국의 모병제 도입은 군사적, 무력적 수단을 사용하여 통일을 이룬다는 목표를 전면 수정하고 비군사적, 평화적 수단을 통하여 남북관계 문제에 접근하겠다는 것과 같다. 이는 앞서 서술한 완전한 종전에 한 발짝 더 다가갈 수 있는 효과로 이어질 것임이 자명하다. 유사시 군사력을 사용한다는 무력통일 전략을 완전 포기하고 비무력적 수단으로 미래를 도모하겠다는 방향으로 나아가는 시작점이기 때문이다. 완전한 종전의 이룩, 완전한 모병제의 도입은 비록 그 과정에서 결코 쉽지 않은 과정을 거쳐야 할 것이고 많은 난관에 봉착할 것이지만, 현재 대한민국의 인구 감소 추세상 징병제가 더 이상 유지될 수 없는 환경에서 모병제를 반드시 도입하여야 하는 상황에 있음을 인지하고, 남북이 더 이상 군사적 대결로 우위를 확보할 수 없는 환경에서 종전 선언이 남북 모두에게 언젠가 반드시 이뤄져야 하는 것임을 감안한다면, 모병제는 대한민국의 안보를 가장 확실하게 항구적으로 지킬 수 있는 수단이자 한반도 전선의 긴장감을 완화시키는 정책이며, 미래 국방 패러다임과 인구 구조 변화에도 부합하는 병역 제도라고 볼 수 있는 것이다.

6-2. 중국, 러시아의 군사력 실태 및 모병제를 통해 얻을 수 있는 동북아 정세적 이점

이번 장에서는 현재 동북아시아의 군사안보적 정세를 분석하고, 이를 바탕으로 모병제 도입 시 한국이 외교/안보적으로 취할 수 있는 이득을 종합적으로 분석하고 서술한다. 현재 한반도를 중심으로 분석하여 본다면 중국, 러시아를 중심으로 한 북중러 연대적 구도, 한미동맹 및 미일동맹을 기반으로 한 한미일 연대 구도로 이루어진 신냉전 상태에 놓여져 있다고 볼 수 있다. 우선 대 중국/러시아 외교에서의 이점을 서술하자면, “전략적 모호성” 이라는 키워드는 한국 내에서 동북아 정세를 논할 때마다 단골로 등장하는 키워드임에는 분명하다. 한미동맹을 중심으로 하는 한미일의 연대를 강조하면서도, 신냉전이라는 대척점에 위치하고 있는 중국/러시아 2개국과의 관계를 원만히 유지하여 양 진영에서 얻을 수 있는 이득을 극대화한다는 전략이 바로 전략적 모호성 정책의 핵심이라고 볼 수 있다. 그렇다면 현재 동북아 정세를 관통하는 핵심 키워드인 신냉전을 분석하고 이를 통하여 한국이 모병제를 충분히 도입할 수 있으며, 이를 국익으로 연결시킬 수 있다는 것을 서술하고자 한다. 신냉전 구도는 종전 20세기를 관통했던 미국과 소련의 냉전과는 사뭇 다른 형태로 전개되고 있다. 냉전 구도의 핵심은 “진영 논리”, “이념” 이라는 두 가지 키워드로 정리할 수 있다. 그렇기에 항상 친미/자본주의 국가와 친소/공산주의 국가의 극단적 대립이 유지되었으며 언제든지 전면전이 발발할 가능성이 높았고, 이는 한국전쟁과 베트남 전쟁으로 증명되었다. 각국의 충돌과 전쟁은 곧 미국과 소련, 제1세계와 제2세계의 대리전 양상으로 전개되었으며 경제적/문화적 교류 또한 전세계적으로 이루어지는 것이 아닌 제1세계끼리, 제2세계끼리 전개되는 것이 상식이었다. 그러나 탈냉전 이후 새롭게 대립하는 21세기 신냉전은 "국익", 그 중에서도 "경제적 이득" 이라는 키워드로 정리될 정도로 진영 논리와 이념적 요소가 다소 퇴색되었고, 이는 특히 동북아 정세에 강하게 적용되었다. 한국은 90년대 이후 한소수교와 한중수교를 통하여 중/러 진영과의 관계 개선에 힘썼으며 이는 분명히 긍정적인 시너지를 불러왔음이 사실이다. 또한 공산주의의 실패를 상징하는 소련의 해체는 중국, 베트남 등 공산주의 국가들의 개혁개방 정책에 불을 지피면서 지금의 신냉전 구도가 완성되게 된다. 서로 진영으로는 대척 관계에 있다 하더라도 경제적 이득을 위하여 원만한 관계를 유지하고 교류하여 나가야 하는 구도가 만들어진 것이다. 특히 상호확증파괴를 현실화할 수 있는 핵 전력을 보유한 강대국 간 관계라면 더더욱 그렇다. 이제 양 진영은 핵 전력 증강보다는 경제적 수단으로 타격을 가하는 방식을 택하여 대립하고 있다. 냉전이라는 체제 경쟁에서 제1세계는 승리하였고 남북 체제 경쟁에서도 남한은 압도적으로 승리하였다. 이 승리의 원동력은 이념도, 결속력도 아닌 결국 양 진영의 경제력 차이에서 비롯되었다. 결국 경제력이 높은 진영이 어떤 방식으로 체제 경쟁에 돌입하더라도 승리할 수밖에 없다는 것을 90년대 이후 세계는 보여주고 있는 것이다. 그렇기에 21세기 세계 각국은 경제적 국익을 위하여 움직이며, 군사력 측면에서도 국가의 경제력에 해가 되지 않는 방향성을 추구하고 있다. 특히나 한반도 지역은 세계 기준으로 봐도 몇 되지 않을 정도로 상호확증파괴 이론에 완전히 부합하는 전선이기 때문에 핵전력을 위시한 비대칭 전력의 균형이 동북아의 평화를 유지시키고 있는 상황이다. 남북관계에서의 이점을 다룬 장에서 서술하였듯이 핵무기가 개입하지 않을 수 없는 전선은 곧 전면전 가능성이 원천 차단된다. 미국과 소련이 결코 냉전 상황에서도 직접 부딪힐 수 없었던 이유이기도 하다. 상호확증파괴 이론에 부합하는 상황에 처해 있다면 양 진영은 사실상 비무력적 수단, 즉 경제적 수단을 통하여 대립할 수밖에 없다. 이러한 대립관계 속에서 한국이 전략적 모호성을 바탕으로 양 진영 모두에게 얻을 이익을 극대화하는 방법은 결국 모병제 도입을 통해 국가 경제에 이득이 되는 방향으로 국방 정책을 바꾸는 것이다. 한국은 기본적으로 수출 위주의 경제를 가지고 있기 때문에 상대적으로 양 진영 중 어느 한 쪽이라도 경제 제재 등의 카드를 꺼내들 경우 대응이 쉽지 않았고, 소위 '고래 싸움에 새우 등 터지는' 상황에 쉽게 노출되었다. 결국 내수 시장을 점진적으로 성장시켜서 안정적인 국내 경제를 갖추는 것만이 이러한 동북아 정세에 쉬이 흔들리지 않는 안정적인 국가로 도약하는 방법이며 이는 모병제 도입을 통하여 청년 경제 신장 및 일자리 창출 효과, 지역 상권 발전 등의 효과를 창출하여 국내 경제의 안정성을 근본적으로 높여야만 한다. 본 단체는 경제보다 병력 인원수를 중시하는 현 징병제가 유지되는 한 도저히 탄탄한 국내 경제를 이룩할 수가 없으며 필연적으로 양 진영의 경제 대립에 새우 등 터지는 형국이 이어질 것이라고 여긴다. 본 단체는 경제로 이기고 경제로 지는 신냉전 정세에서 한국이 항구적으로 동북아의 평화를 보전하면서 국내 경제를 신장시키고 전략적 모호성으로 인한 이득을 극대화하며, 진영 간 경제 대립으로 인한 손해를 최소화할 수 있는 유일한 방법은 모병제 도입이라고 여긴다. 또한 반드시 종전 선언을 체결할 때에 테이블에 같이 앉아야 하는 북/중과 한미연합의 타협점은 결국 "양 측 모두 무력 통일을 완전 포기

한다" 는 방안 하나밖에 없다고 분석하고, 모병제 도입으로 이를 완성시켜 종전 선언을 향해 나아갈 수 있다고 본다. 이는 비단 남북관계뿐 아니라 한국의 대중/대러 외교에서도 큰 이득으로 작용할 것이 분명하다. 더욱 크게 나아가서는 종전 선언을 통하여 비단 안정적인 안보적 정세를 이룩할 뿐만이 아니라 유라시아 철도와의 연결 및 아시안 하이웨이의 실질적 개통 등을 추진하여 중/러와의 폭넓은 육상 교류의 길이 열리는 것을 기대하여 볼 수 있으며 유라시아의 허브로써 한국이 기능할 수 있게 되는 미래까지도 그려볼 수 있게 되는 것이다. 이는 분명 한국에 엄청난 대외 경제적 이득을 가져다 줄 것이다.

6-3. 모병제를 통해 얻을 수 있는 미국, 일본과의 관계에서의 이점

이번 장에서는 같은 제1세계적 가치관을 공유한다고 볼 수 있는 미국, 일본과의 관계에서의 이점을 서술하고자 한다. 한미일 삼각 클러스터라는 개념이 대두되고 있는 현 시점이지만, 앞서 서술했듯이 진영 논리보다는 국익이 최우선시 되는 신냉전 추세임을 감안하여 가능한 한 국익에 초점을 맞추어 서술해보고자 한다. 우선 모병제 도입 시 한미동맹 및 대미관계에서 얻을 이득을 총 2가지로 크게 요약할 수 있는데, 첫 번째는 병력 수 대신 병력의 질을 택하는 모병제의 특성상 미군에 크게 의존하던 비대칭 전력 및 정찰 자산에 집중 투자하는 것을 가능케 함으로써 독자적인 안보체계를 정립하는 데 기여한다는 점이다. 그동안 한국군은 모두가 너나할 것 없이 자주국방을 외쳤지만 그 실상은 오직 군의 양적 수준과 재래식 전력(특히 육군 위주)의 발전만을 이룩할 수 있었으며 현대전에서 가장 중요하게 여겨지는 비대칭 전력, 병사 개개인 장구의 현대화, 첨단 정찰 자산 및 항공우주 자산, 군수지원에 대한 투자는 항상 후순위로 밀려 현대전에 걸맞는 군으로 도약하지 못하고 있음이 현실이다. 가장 큰 이유는 역시 징병제를 유지함으로써 병력의 질보다는 양을 중요시 여기고, 국가의 경제력보다 군의 병력 수를 유지하는 데에만 혈안이었기 때문이다. 우리 군은 20세기적 국방 이론을 21세기 들어서도 수정하지 못했고, 그 결과 갈수록 독자적인 정찰 자산, 비대칭 전력을 갖추는 것과 병사 개개인의 숙련도를 극대화하는 것이 중요해지는 현대전에서 정작 질적 측면에서의 진보를 이룩하지 못하고 동맹 관계인 미군에 이를 상당 부분 의존할 수밖에 없던 것이다. 21세기 신냉전 구도에 들어서면서 미국은 점차 세계의 경찰을 자처하던 기존의 냉전적 움직임 대신 국익을 우선하고 진영 논리에서 벗어나려는 움직임을 취하고 있다. 지난 트럼프 정부 시기에 방위비 분담금 문제로 한미 양국이 한동안 진통을 겪었음을 감안한다면 우리 군이 반드시 독자적인 비대칭 전력과 정찰 자산을 보유하고, 병사 개개인의 숙련도를 극대화하는 소수 정예군으로 거듭나야 할 필요성이 갈수록 대두되는 것이다. 혹자는 징병제만큼 돈을 덜 들이면서 강군을 보유할 수 있는 법이 없다고 말할지도 모르나, 징병제를 유지하는 데 드는 비용은 결코 가볍지 않다. 모병제를 도입하면 정부가 확보 가능한 세수는 더욱 증가할 것이고, 그 결과 가용 가능한 국방예산도 증가하는 결과를 맞이한다. 그러면서도 병력의 수는 결국 줄어들기 마련이므로 병사 개개인의 질적 수준을 향상시키는 데 더욱 많은 투자를 진행할 수 있음은 물론이고, 앞서 언급한 비대칭 전략자산, 정찰 자산, 현대전에 걸맞는 정예병력 육성 측면에서도 크나큰 이득으로 작용할 것임이 분명하다. 이는 우리 군이 첨단 자산에 대한 미군 의존도를 줄일 수 있는 동시에 정예강군 도약과 자주국방 이룩이라는 목적을 동시에 달성할 수 있는 유일한 길이라고 본 단체는 판단한다. 두 번째로는 앞서 언급한 자주국방 역량 확보와 첨단 전략자산의 독자 개발 및 실전 배치를 이룩함으로써 방위비 분담금 협상 등 한미간 외교적 문제에 있어 한국의 입지가 더욱 증가한다는 것이다. 한미동맹은 분명 굳건하며 쉽게 흐트러지지 않을 것임이 분명하나, 미군은 분명 현대전 수행 역량에 있어 우리가 보유하지 못한 자산들을 보유하고 있다. 그렇기에 우리 군이 미국 및 타 선진 강국이 보유한 자산들을 독자적으로 개발 및 보유하는 비율이 늘어날수록 한국은 외교안보적 현안을 논의하는 데에 있어 한 층 더 올라간 입지를 누릴 수 있다. 우리 군이 현재 위협적이고 충분한 양적 재래식 전력을 보유하고 있다고 하더라도, 한반도 전선은 상호확증파괴 이론에 완벽히 부합하는 전선이다. 전쟁이 발발하는 순간 누가 이기더라도 피로스의 승리에 그칠 뿐이며 동북아 전체가 공멸할 가능성이 매우 크기에 결국 비대칭 전력과 정찰 자산에 투자를 집중해야 하며, 이러한 진보는 반드시 모병제를 도입해야만 이룩할 수 있는 진보에 해당한다. 첨단 자산을 보유한 정예 강군이 될 수 있으려면 더욱 많은 예산, 더욱 높은 경제력을 필요로 하는데, 국가예산이 하늘에서 떨어지는 것은 절대 아닐 뿐더러 청년을 강제로 복무시킨다고 나오는 것은 더더욱 아니기 때문이다. 따라서 본 단체는 모병제가 미국과의 관계에 있어 한국이 외교안보적 이득과 국가 경제적인 이득을 동시에 취할 수 있게 한다고 본다. 다음은 모병제가 한일관계에서 한국이 어떠한 이득을 취하게 할 수 있는지를 서술하고자 한다. 국교 정상화 이래 한일 양국은 같은 제1세계에 속하여 냉전적 질서의 최전선을 담당해 왔으나, 과거사 문제 및 일본 내 우경화 문제에서 촉발하는 외교/안보적 갈등 또한 겪어왔다. 특히나 과거사 문제 청산에 있어서 한국이 1945년 당시 일본 제국의 징집률을 뛰어넘은 수치를 현재 기록하고 있다는 점이 분명히 전범행위에 대한 보상 문제에서 불리하게 작용하고 있다. 실제로 한국은 해방 이후 병역제도를 모병제로 시작하였으며 징병제로 전환하고 얼마 안 있어 다시금 모병제로 되돌아갔다. 이유는 “강제 징병” 자체가 일본 제국이 행한 것이었기 때문이다. 현재와 같은 징병률은 군사정권 이후 인구 감소 추세까지 겹쳐서 만들어진 것이다. 국제정치에서 경제적 이권 못지않게 중요한, 아니 역사적 문제를 다루는 데 있어서는 그 이상으로 중요한 것이 바로 명분적 우위라는 것을 생각하면 자국민에 대한 강제 징병으로 인해 인권 측면에서 항상 저평가되는 한국의 현실을 가벼이 여겨서는 안 된다는 것을 충분히 인지할 수 있다. 모병제 도입은 이러한 문제들을 깨끗이 씻어낼 수 있으며, 일본의 과거 전범 문제에 대하여 완벽한 명분적, 도덕적 우위를 확보할 수 있는 길이 될 것이다.

7. 모병제를 통해 얻을 수 있는 국내적 이득

7-1. 모병제 도입으로 얻을 수 있는 경제/사회/문화적 측면에서의 이득

이번 장에서는 모병제를 도입할 경우 한국이 어떠한 경제/사회/문화적 이득을 취할 수 있는지를 분석하여 서술하고자 한다. 우선 경제적 분야에서 얻을 이득에 대하여는 5장에서 서술하였으나, 조금의 보충 설명을 덧대 보자면 가장 큰 이득은 역시 5장에서 상술하였듯이 사회 내에서 생산성 있는 활동을 하는 청년들이 크게 늘어남으로써 가용 가능한 세수가 증가하고 이를 토대로 직접적인 국가예산이 증가한다는 점이며, 이를 통해 더욱 폭넓은 복지 또한 이룩할 수 있다는 점이다. 인구 감소 추세에 돌입한 한국의 현 상황상 이는 매우 중요한 진보에 해당한다. 현재 한국은 사회 전방위적으로 청년의 경제활동이 점점 어려워지고 있는 실정 속에 있다. 비단 모병제 도입 논의 과정에서 제기되는 병력 감소 문제 뿐만 아니라 청년 인구 감소로 인하여 일부 대기업/공기업을 제외하고는 전방위적인 인력 부족 사태에 직면하고 있고, 일부 서울 내 대학을 제외하고는 나머지 대학들도 마찬가지의 신입생 부족 사태에 직면하고 있다. 생산 활동에 전념하는 청년이 부족하다는 고질적 문제는 사회 전 분야에서 날로 심해지고 있음이 사실이다. 모병제 도입은 이러한 생산인구 부족 문제를 전반적으로 완화하여 청년 경제의 유동성이 확대되도록 할 수 있다. 군대는 생산성이 없는 조직이기 때문에 필연적으로 군이 많은 병력수를 보유할수록 사회의 경제 생산성은 비례하여 줄어든다. 이는 역사책에서 상술한 스파르타와 수나라의 사례만 배워도 알 수 있는 동서고금의 진리이다. 특히 한국의 경우처럼 청년 남성 대부분을 징병하면서도 최저임금 기준에 미달하는 임금을 지불하는 경우는 더더욱 그렇다. 생산 인구 감소 문제와 징병제가 결부될 수밖에 없는 이유는 모든 남성 청년이 1년 6개월 동안 사회활동을 정지당하는 선에서 그 악영향이 끝나는 것이 아니라는 점이다. 대학생의 경우는 최소 2년여간 취업이 늦어지게 되면서 자립 가능 시기가 20대 후반에서 최대 30대 이후까지 밀려나게 되고, 이는 내 집 마련부터 결혼, 출산율 부문까지 남성 청년에게 총체적인 악영향을 주고 있다. 저출산 고령화, 인구 감소 추세의 상황을 맞이한 한국에 있어서 이러한 악영향은 더 이상 장기화되어서는 안 될 요소들에 해당한다. 또한 고졸 취업자들의 경우에도 징병제로 인해 열악한 사정에 노출되는 것은 매한가지다. 대체로 고졸 취업은 기술직, 생산직 부문에서 상당히 많이 이루어지는 편이다. 그러나 징병제는 이제 막 취업을 통하여 현업 기술을 연마하는 청년들에게 1년 6개월 이상의 큰 공백을 만들게 된다. 산업기능요원으로 병역 문제를 해결한다고 하더라도, 그 TO 자체가 쉽게 나오지 않는 편인데다가 중도 퇴사가 곧 입대를 의미한다는 특성상 열악한 노동 환경과 처우에 노출되는 경우가 다수이다. 징병제가 산업기능요원 복무자들을 을로 만들고, 고용주를 갑으로 만들 수 있는 원인을 제공한다고 볼 수 있다. 또한 전문연구요원 분야에서도 점점 드러나지 않았던 문제들이 수면 위로 부상하고 있는데, 징병제의 유지로 인하여 안 그래도 이공계에 대한 정부의 투자가 부실한 상황에서 병역특례라는 것을 명분으로 인재들에 대한 합당한 대우가 부재한 경우가 상당히 존재한다. 게다가 2016년부터 촉발된 전문연구요원 축소 및 폐지 논란으로 인하여 소위 "엘리트" 라고 할 수 있는 이공계 인재들의 자국 혐오 현상이 대두되게 되고, 그 결과는 인재들의 해외 유출 확대로 고스란히 이어지고 있다. 공중보건의사와 공중방역수의사 분야에서 보아도 마찬가지로, 도서 지역에 배치되는 경우 근무지역 이탈 금지 명령으로 인해 밤낮 쉴 시간 없이 환자를 받아야 하는, 노동 착취에 가까운 현상이 빈번하게 벌어지고 있는 것이 현실이다. 산업기능요원도, 전문연구요원도, 공중보건의사와 공중방역수의사도 전부 그러한 부조리와 착취를 견딜 수 없다면 현역으로 입영해야 하고, 그렇다면 커리어의 단절로 자연스레 이어지니 징병제가 유지되는 이상 이러한 사회 문제를 절대 막을 수 없는 것이다. 이러한 사례에서 볼 수 있듯 징병제는 한국 사회에 수많은 부조리와 불평등을 초래하는 것으로 모자라 경제적인 부문에서도, 과학 기술 발전 측면에서도, 사회 인프라적 측면에서도 국가에 큰 악영향을 미치고 있는 것이다. 모병제 도입은 이러한 문제들을 일거에 해결해 줄 수 있다. 대학생에겐 배움의 연속성이 지켜지게 할 수 있고, 청년 회사원에게는 자립을 위한 기틀을 빠르게 마련하도록 할 수 있다. 이는 5장에서 서술하였듯 한국 경제에 긍정적인 신호가 될 것이고, 어려워지는 청년 경제에 유동성과 생산성을 새로이 불어넣을 수 있게 해줄 것이며, 남성 청년에게 배움의 연속성과 커리어의 연속성을 보다 자유롭고 폭넓게 보장함으로써 더욱 발전된 사회를 이룩하는 데 크게 기여할 것이다. 또한 사회적으로 얻을 수 있는 이득은 3장에서 서술하였던 사회/문화적으로 한국 전체에 뿌리 깊게 자리잡은 군사주의식 부조리의 타파와 젠더 갈등의 해소라고 볼 수 있다. 우선 군사주의식 부조리라고 하면 군사정권을 탈피한 지 40년이 다 되어가는 현 시점에서 보자면 의구심을 들게 할 수 있다. "도대체 언제 적 군사정권 시절 이야기를 하고 있느냐?" 라고 말이다. 그러나 제도와 환경이 바뀌고 민주주의가 정착하였음에도 징집률만큼은 되려 감소하기는커녕 꾸준히 증가하였고, 상명하복적 질서에 국민의 절반 가량이 노출됨으로써 결국 사회 전반에 군사주의적 질서가 박혀버린 것이다. 실제로 유시민 작가는 한 TV 프로그램에 출연하여 '마이크로 파시즘' 이라는 개념을 제시한 바가 있는데, '생활 속 독재주의' 가 뿌리 깊게 박혀 있는 것이 현재 한국 사회의 문제라고 지적한 것이다. 이러한 문제의 근원을 분석하여 보면 징병제가 '마이크로 파시즘' 에 영향을 주지 않았다고 절대로 말할 수가 없는 것이다. 군대는 모든 사회를 통틀어 가장 닫혀 있는 조직이고, 가장 강력한 명령과 절대적인 복종을 중심으로 움직이는 체계를 가지고 있다. 한국은 그간 징병제를 통하여 남성 청년을 징집하여 왔으며 이젠 그 징병제가 수십 년을 끊기지 않고 이어지는 상황이다. 가정에서도, 학교에서도, 산업 현장에서도 "까라면 까" 라는 상명하복적 풍조를 어렵지 않게 찾아볼 수 있지 않은가? 국민의 절반 가량이 철저한 상명하복을 기반으로 하는 군대에, 그것도 사회 진출을 막 시작하고 사회 분위기를 배워가는 나이인 20대 초중반에 필연적으로 징집당하여 부조리에 노출될 수밖에 없으니 이런 상명하복적 풍조가 팽배하는 것에 대한 근원을 어렵지 않게 찾아볼 수가 있다. 모병제 도입을 통하여 이러한 부조리의 전래와 세습을 끊어낸다면 한국 사회는 머지 않은 미래에 마이크로 파시즘적인 요소를 없애고, 개인의 인권을 더욱 폭넓게 존중하는 다양하고 건강한 사회로 거듭날 수 있을 것이다. 이제 징병제는 "숭고한 의무" 에서 "세습되는 부조리" 로 변화하였다. 이러한 부조리의 세습은 수십년간 한국 사회를 민주화로도 '마이크로 파시즘' 이라는 풍조에서 벗어나지 못하게 하고 있다. 모병제를 도입하는 것으로 이러한 경직된 사회 분위기를 타파하는 데 기여할 수 있으며, 개인의 선택권을 폭넓게 보장함으로써 미래세대로 하여금 진심으로 우러나는 형태의 애국심을 심어 줄 수 있게 할 것이다. 또한 현재 한국 사회를 관통하는 또 하나의 중대한 문제인 젠더 갈등 또한 대부분 징병제로부터 시작되었고, 증폭되었으며, 진행 중이다. 인구 감소와 더불어 징병제가 그 한계를 노출하는 과정에서 한국군의 80퍼센트를 돌파하는 남성 징집률은 그 자체로 "왜 남자만 징병당해야 하지?" 라는 의구심을 "군대에 징병당하지 않는" 여성에게 향하게 함으로써 젠더 갈등의 불씨가 번지기 시작하였고, "여성 징병제" 라는 인구 감소 추세의 한국에 있어서는 언 발에 오줌 누기만도 못 한, 절대 등장시켜서는 안 될 단어를 수면 위에 등장시키고, 논하게 함으로써 젠더 갈등은 더더욱 증폭되었다. 그리고 징병제가 한계를 드러내고 있는 현 시점까지 이토록 산적한 문제들을 해결하지 못하였으니 젠더 갈등이 현재 진행중인 것이다. 모병제를 도입합으로써 남녀 모두에게 공평한 선택권을 부여하고, 상명하복적 부조리의 성역화와 남녀갈등의 고착화를 무너뜨릴 수 있는 동시에, 여성의 국방/안보 분야 진출이 한결 용이해지는 효과 또한 창출된다. 모병제는 군인을 남녀 모두에게 공평한 하나의 직업으로 만들기 때문이다. 또한 징병제로 인한 젠더 갈등의 핵심이라 할 수 있는 보상심리 문제 또한 해결된다. 징병제는 필연적으로 군필자와 그렇지 않은 사람들의 갈등을 조장하여 왔으며 이는 상술했듯 젠더 갈등에서도 예외 없이 적용되고 있다. 이는 남자로 태어났다는 이유 하나로 결코 가볍지 않은 군 의무 복무라는 부조리에 노출될 수밖에 없는 상황에서 기인하는 것이므로, 모병제를 도입하지 않는 한 해결될 수가 없는 사회적 갈등에 해당한다. 이는 그대로 보상심리라는 문제로 이어져서, 국제대회에서의 메달 등의 성과로 정당한 예술체육요원 혜택을 받은 선수들마저 군 복무를 현역으로 하지 않는다는 등의 이유로 논란이 되고, 메달이라는 성과에도 불구하고 출전 시간, 출장 횟수 등에 따라 부당한 비난에 무방비하게 노출되는 등 매우 심각한 수준에 이르렀다. 이러한 뿌리 깊은 갈등의 요소를 완전히 제거할 수 있다는 점이 모병제 도입 시 얻을 수 있는 가장 큰 사회관념적 이득에 해당한다. 또한, 모병제를 도입하였을 때 얻을 수 있는 문화적 이득은 예술체육 분야의 발전과 해외 진출의 용이라고 볼 수 있다. 21세기에 들어서 문화 분야, 특히 예술체육 분야에 있어서 해외 조기 유학 및 해외 무대 진출이 중요한 키워드로써 받아들여지고 있다. 그러나 징병제는 남성 청년의 해외 조기 진출을 상당히 어렵게 만드는 요소로써, 극히 일부의 탑클래스 선수들만이 국가대표에 선발되어 예술체육요원 혜택을 받을 수 있을 뿐이고, 극히 일부의 프로 선수들만이 상무에 입대하여 체육 분야를 지속할 수 있게 된다. 대다수의 선수들은 징병제로 인하여 1년 반 이상 커리어가 끊기게 되며, 이는 연속성이 굉장히 중요한 예술체육에 있어 치명적인 문제로 작용하는 것이다. 모병제 도입은 이러한 배움의 연속성, 커리어의 연속성을 예술체육 부문 인재들에게 이어질 수 있게 하여 한 층 더 고도화된 발전과 안정적인 인재풀을 만드는 데 기여한다. 당장 “한국이 조기에 모병제를 도입해서 방탄소년단이 군대에 가지 않아도 되었다면” 이는 방탄소년단 멤버 개개인에게 뿐만 아니라 케이팝 문화 측면에서 얼마나 큰 이득으로 작용하였을 것인가. 반대로 “손흥민 선수가 아시안게임 금메달 획득에 실패하여 군 복무를 이행하여야 했다면” 사상 첫 아시아인 프리미어리그 득점왕 타이틀은 없었을 가능성이 크지 않은가. 징병제의 한계와 모병제 도입의 당위성이 문화적 측면에서도 이토록 확연히 드러나는 것이다. 따라서 본 단체는 모병제 도입이 사회 전체에 뿌리깊은 부조리와 갈등의 해결책이자, 한국을 경제/사회/문화적으로 진보할 수 있게 하는 방안이며, 이를 바탕으로 한국이 더욱 확고부동한 세계 유수의 선진국으로 자리잡을 수 있게 하는 방안이라고 판단한다.

7-2. 국내 지방분권 및 인프라 발전 촉진 측면에서의 이득

지난 문단에서 여러 차례 서술하였듯 모병제 도입으로 인하여 상술한 많은 경제/사회/문화적 이득을 취할 수 있지만 안보적인 관점에서 수도권에 집중된 많은 인구로 인하여 모병제가 불가능하고, 반드시 대군을 동원하여 휴전선에서 틀어막아야 한다는 이론으로 모병제에 반대하는 경우가 상당히 많다. 그러나 징병제가 더 이상 유지될 수 없는 상황에서 이를 역으로 생각하여 볼 필요가 있다고 본 단체는 다시 한 번 강조한다. 모병제 도입과 같이 “인구와 인프라의 지방 이전”을 추진할 경우, 이득을 극대화하고 리스크를 최소화할 수가 있는 것이다. 상술하였듯 징병제가 더 이상 유지될 수 없는 상황임에도 불구하고 황망한 수준의 징병률을 기록하면서까지 유지되는 이유가 수도권에 집중되어 있는 인구와 인프라이다. 이를 타개하기 위해서는 반드시 인구와 인프라의 대대적인 지방 이전이 이루어져야 하고, 실제로 정부세종청사와 세종 대학 합동캠퍼스, 국회 세종의사당, 산업은행 부산 이전 등으로 어느 정도 현실로 다가오고 있다. 인구와 인프라가 수도권에 몰려 있기에 모병제가 불가능하다면, 모병제 추진과 지방 분권과 인구, 인프라의 지방 이전을 동시에 추진하면 되지 않는가? 좁은 구역에 인구가 밀집하여 있을수록 출산율은 저하된다. 이는 1968년 심리학자 존 컬훈의 쥐실험으로도 입증된 사실이기도 하다. 즉 징병제를 더 이상 유지할 수 없게 만든 원인인 인구 감소 문제의 핵심 키워드 그 자체가 수도권 집중이라는 것이다. 우리는 인구 감소 상황에 놓여져 있다는 한계로 인하여 모병제도 반드시 추진하여야 하지만, 인구와 인프라의 지방 이전 또한 반드시 동시에 추진하여야 하며, 이 두 문제를 별개로 생각하는 것은 지양해야 할 필요가 있다. 수도권 집중으로 인해 징병제가 유지되고, 출산율이 저하하며, 이로 인하여 국가 사회 전체에 수많은 부조리와 악영향이 진행 중이라는 사실을 감안할 때 이 모든 문제점의 시작인 수도권 집중을 파훼할 필요성 또한 대두된다. 이를 감안한다면 지방으로의 인구, 인프라 이전과 모병제 도입이 반드시 같이 추진되어야 할 사안에 해당한다고 볼 수 있다. 그리고 이러한 지방으로의 인구, 인프라 분산 가속화는 모병제 도입으로 취할 수 있는 이득을 극대화하고, 리스크를 최소화하는 정책임이 분명한 사실이다. 모병제를 도입한다면 필연적으로 군의 방향성은 "실효지배 국토 방위" 측면으로 선회하게 될 것이고, 전술전략 역시 대규모의 지상군 위주의 전략 대신 비대칭 전력과 해/공군 위주의 방어 전략으로 수정하는 것이 불가피한데, 수도권에 인구와 인프라가 집중되어 있는 환경은 지금까지도 모병제 도입 반대론의 핵심을 차지할 정도로 모병제가 추구하는 방향성과 맞지 않는 측면이 있기 때문이다. 그러나 대규모의 지상군이 더 이상 유지될 수 없는 상황에 도래한 것이 현실임을 생각한다면 "수도권에 인구가 집중되어 있기에 모병제는 불가능하다" 라는 미시적인 관점보다, "인구와 인프라 분산, 모병제 도입을 함께 추진하여 국가 사회에 산적한 문제들을 모두 해결하여야 한다" 라는 거시적인 관점을 바탕으로 하는 미래 정책을 발안하고, 추진하여야 할 것이다. 결국 인구가 줄어들면 100퍼센트의 징집률로도 대규모 지상군을 유지하는 것이 불가능해질 것이고, 그렇다면 모병제를 통한 체질개선에 들어가지 못한 한국군이 대규모 지상군을 보유하지 못한 상황에서 수도권에 집중된 인구와 인프라를 온전히 지키는 형태의 국방을 실현하기란 불가능하기 때문이다. 따라서 모병제 도입은 수도권 인구 분산과 지방 분권 차원에서도 반드시 필요하다고 볼 수 있다. 상술하였듯 모병제와 지방 분권은 반드시 연관되는 문제일 수밖에 없으며, 모병제 추진으로 인하여 인구와 인프라의 지방 이전 또한 더욱 추진에 박차를 가하도록 할 수 있기 때문이다. 수도권에 인구가 집중되어 있는 한 우리는 "수도권의 많은 인구와 인프라를 지키기 위해 더 많은 청년을 징병해야 한다" 라는 논리에서 벗어나지 못할 것이고, 그로 인하여 우리는 이토록 산적한 사회문제에서 벗어나지 못하고 부작용이 고착화되는 미래를 맞이할 것이다. 또한 모병제 도입에 있어 장애물로 작용함과 동시에 저출산 문제의 근원 중 하나인 것이 수도권 집중 문제이므로, 모병제 도입은 인구와 인프라의 지방 이전을 촉진시키는 효과가 있으며, 지방 분권 및 인프라 분산이 모병제 도입과 출산율 문제 해결을 동시에 가능케 할 수 있는 방안이라고 본 단체는 판단한다.

V

징병제 폐지 및 모병제 도입 방안

V

징병제 폐지 및 모병제 도입 방안

이번 대제목 V장은 징병제를 폐지하고 모병제를 도입하는 과정과 방안을 크게 두 가지로 나눠서 볼 것이다. 첫 번째로는 모병제를 도입하기 위해 사전에 어떠한 준비 과정을 거쳐야 하는지를 먼저 서술할 것이며, 이후 본 단체는 모병제를 어떠한 방향성으로, 어떠한 과정을 통하여 도입해야 하는지, 어떠한 계획이 모병제를 항구적으로 정착시키고자 하는 것에 가장 이상적이라고 판단하는지 서술할 것이다.

8. 완전 모병제 시행에 앞선 직업 병 제도 도입

본 단체에서는 완전한 모병제 도입에 앞서 직업 병 제도의 즉각적 도입이 필요하다고 간주한다. 상식적으로 완전한 모병제의 경우 병 계급부터 시작하여 장교 계급에 이르기까지 전부 본인 의사에 기반한 지원자로만 이루어지는 만큼 병으로 복무하는 경우 또한 당연히 직업으로 만들어야 한다. 징모 혼합제에 준하는 병역 제도를 운용하는 국가들도 직업 병 제도를 운영하고 있는 것이 그 근거이다.

특히 14장에서 후술하는 방식의 즉각적 징병제 폐지 및 모병제 도입 방안에 대해 고려할 경우, 현재 대한민국이 택하는 것과 같이 병 계급 전체를 100% 징병제 인원으로 충원하고 있는 일명 '경성 징병제' 체제에서 한순간에 완전 모병제로 전환하는 것은 사실상 불가능에 가깝다고 할 수 있다. 따라서 모병제로의 병역제도 개편을 실시하는 과정에서 완전 모병제로 전환하는 것이 궁극적 목표라고 설정한다면, 완전 모병제라는 목표를 위해 당면하는 시급한 과제로는 직업 병 제도의 즉각적 도입 및 징집병의 복무기간 단축이 병행되는 것이고, 해외의 징모 혼합제를 실시하는 국가의 사례를 참고하여 의무 복무기간이 단축된 징집병과 부사관으로 진급하는 직업병으로의 복무 체계 이원화라는 방향성을 설정하고, 징모 전환기 기간 동안 우리 군이 직업병 제도를 통하여 완전 모병제를 준비한 다음 실제 완전 모병제 돌입을 통한 정예강군의 길로 돌입하여야 한다고 본 단체는 여긴다.

9. 모병제 하에서의 병 · 부사관 · 준위 · 장교 제도 개편안

9-1. 병

소제목 9-1장에서는 크게 모병제 하에서 병으로 군생활을 시작하는 방식을 어떻게 개편하여야 할 것인지, 병에서 부사관, 장교 계급으로 진급하는 과정이 어떠한 형태로 이루어져야 한다고 여기는지 본 단체의 의견을 서술하고자 한다. 우선 모병제라는 제도는 병, 부사관, 장교에 관계없이 군인 전원을 직업화 시키는 것이 핵심이고, 따라서 직업 병 제도의 도입은 당연하겠지만 모병제 도입 과정에서 제일 먼저 선행되어야 할 개편임에 분명하다. 병 계급의 직업화와 더불어 부사관으로 진급하고자 하는 인원의 전문성을 극대화할 필요성 또한 대두된다. 또한 병 계급은 모병제 도입 이후에는 직업 군인의 시작점이 되는 위치로써 입대한 군인들의 장기 복무 여부에 매우 중요한 첫 인상을 주기 때문에 병영 부조리의 제거 내지 재발 방지를 반드시 목표해야 하며 이를 위한 계급 동기제로의 제도 개편이 가장 절실하게 요구되는 계급이라고 할 수 있다. 또한 모병제를 도입한 이후에는 병 계급에 대해서도 일과 후 외출 자유화, 출퇴근이 가능한 근무 환경 확립, 일상생활 비간섭 원칙 준수 등 징병제 하에서의 병 계급과는 비교되지 않을 정도의 획기적인 자율화 및 복지 향상이 병행하여 이루어져야 할 것이라고 본 단체는 여긴다. 마지막으로 모병제는 군인을 남녀 성별에 관계없이 평등한 직업 공무원으로 만드는 제도이기에, 여성의 병 입대 또한 당연하게도 그 문호가 열릴 것이고 여성도 군인, 그 중에서도 병/부사관이 되기 위해 지원하는 경우 병으로 입대하여야 할 것이다. 아울러 직업 병사들의 전문성과 실전에서의 전투력을 극대화하기 위하여 일병 이하의 계급은 철저히 병 개개인의 기본 역량을 극대화하는 훈련에 매진할 수 있도록 하고, 실전에 대비한 작전 등에 투입되는 인원은 주로 상병 이상의 계급으로 이뤄져야 한다고 본 단체는 여긴다.

9-2. 부사관

소제목 9-2장에서는 크게 부사관이 되는 방식과 부사관에서 장교,

준위의 상위 계급으로 임관하는 경우를 다룰 것이다. 여기서는 부사관이 되는 방식에 보다 더 큰 비중을 두고 서술하기로 한다. 본 단체에서는 현재 대한민국 징병제 하에서 민간인이 부사관후보생을 거쳐 바로 부사관으로 임용되는 일명 '민간부사관' 제도가 모병제에는 부합하지 않는다고 보고 모병제 도입 시 이를 즉각적으로 폐지하거나 극히 일부 수준으로 축소하여 병, 부사관을 통합한 계급체계를 갖춰야 한다고 여긴다. 병, 부사관이 통합된 계급체계로 변모하는 것의 핵심적 요소는 군인양성과정인 훈련병부터 시작하여 병장까지 차례대로 진급한 인원 중 능력과 인품을 갖춘 인원을 선발하는 것이 부사관이라는 점이다. 민간부사관 제도 축소 폐지의 근거는 크게 두 가지가 있다. 첫 번째, 모병제 하에서 현재 대한민국 징병제와 마찬가지로 병과 부사관이 대부분 분리된 계급체계를 갖는 경우 상대적으로 대우가 좋은 부사관으로 인원이 몰리게 되고, 이렇게 될 경우 병으로 입대하는 인원이 부족해지는 현상이 발생할 우려가 크다. 두 번째, 부사관의 경우 원래 계급이 갖는 의미는 '준위를 포함하여 정식으로 임관한 장교 계급과 병 계급 사이의 중간 포지션으로써 가교 역할을 수행하고, 병사 경험이 많이 누적되어 휘하 병사들을 일선에서 직접 통솔할 수 있는 군인'에 해당한다. 그러나 민간부사관 제도를 통해 갓 임용된 부사관의 경우 군대 내에서의 경험이 병으로 입대한 인원에 비해 현저히 부족하기 때문에 오히려 상등병과 병장들에 비해 일선에서의 지휘능력 및 휘하 병사에 대한 통솔 능력이 떨어지는, 더욱 직설적으로 말하자면 '부사관의 권위가 실추되어 일선 지휘에 있어 혼란이 가중될 가능성이 높아진다는' 특징이 있다. 당장 하사가 징집된 상병장에게 집단 구타를 당한 사례가 존재하던 과거 한국군의 사례를 성찰하여 보면 충분히 알 수 있는 대목이다. 따라서 본 단체는 모병제를 도입할 경우 현재 임기제부사관과 같은 방식으로 병-부사관 계급 체계를 통합하여 병으로 쌓아온 경험을 토대로 부사관이 되어서도 장교와 병 사이의 중재자 역할, 가교 역할을 제대로 수행하도록 할 수 있게끔 함과 동시에 군의 허리를 담당하는 계급 특성에 부합하는 일선 지휘 담당으로써 그 권한과 대우가 현재보다 크게 증대되어야 한다고 여긴다.

9-3. 준위/준사관

소제목 9-3장에서는 크게 준위가 되는 방식과 준위에서 장교로 임관하는 경우를 다룰 것이고, 여기서는 준위가 되는 방식에 보다 더 큰 비중을 두고 서술하기로 한다. 모병제추진시민연대 단체 차원에서는 준사관, 즉 준위 계급이 장교와 부사관 사이에 위치한 독립적 계급에 해당하지만, 장교라는 측면보다는 부사관의 정점에 가깝다는 특징을 더욱 크게 가지고 있는 것이 준위라는 계급의 위치라고 여긴다. 준위 계급은 특히 미국식, 유럽식이라는 두 가지 카테고리로 크게 양분되고 한국군은 현재 그 두 가지가 혼재되었다는 점에서 특수한 형태를 가진다고 할 수 있는데, 본 단체는 '부사관의 정점이자 엘리트'이라는 준위 계급의 특징을 고려하였을 때, 상술하였듯 모병제 도입 이후 부사관의 권한이 증대될 필요성이 있다고 본 단체는 여기기 때문에 현재와 같은 단일 계급의 준사관으로는 모병제 도입 이후 부사관의 정점이라는 위치에 걸맞는 역할을 수행함에 한계가 있을 수 있다고 분석하며, 따라서 미군의 경우처럼 준위 계급을 세분화하는 확대 개편을 통하여 준사관 본연의 전문성을 극대화할 필요성이 있다고 여긴다. 또한 특수부대와 같이 임무의 전문성이 상당하고 위험성이 극대화되는 부대에 대하여는 소위/중위 계급 대신 '전투지휘준사관'을 신설하여 이에 선발된 준위를 투입하는 것이 응당하다고 본 단체는 여긴다.

9-4. 장교

소제목 9-4장에서는 크게 장교가 되는 과정, 방식과 상위 계급으로 진급하는 과정으로 세분화해서 본 단체가 모병제 하에서의 장교 계급 개편이 어떤 방향성으로 이루어져야 한다고 여기는지를 서술할 것이다. 우선 장교 계급은 위관급에서부터 장성급에 이르기까지 그 범위가 상당히 넓고 다양하며, 그 대우와 위치, 역할 또한 소위 계급부터 대장 계급에 이르기까지 천차만별이기 때문에, 가능한 한 세밀하게 분석하여 개편의 방향성을 설정하는 것이 옳다고 여긴다. 우선, 장교 전 계급에 공통적으로 해당되는 개편 사항은 모병제를 도입한 이후의 장교 인원은 현재의 장교 인원에 비하면 양적으로 상당한 감축이 불가피하게 이루어져야 한다는 것이다. 징병제를 기반으로 한 대군이 유지된다면 그에 상응하는 지휘관 인력의 수가 필요할 것이나 모병제를 도입해야 할 상황에 도래한 현재에는 전혀 그렇지 못하기 때문이다. 따라서 장교 전체적으로는 모병제를 도입한 이후 병/부사관의 축소될 양적 규모에 맞는 수준의 감축이 이루어져야 할 것으로 전망되며, 이에 따른 장교 임관의 심사 기준 상승 또한 동반하여 이루어져야 하고, 이러한 과정을 거쳐 장교 계급 인원의 질적 수준 향상 또한 이룩해야 할 것이다. 세부적으로는 병/부사관과 장교의 연결, 위관급/영관급 장교와 장성급 장교의 연결이라는 측면에 집중하여 모병제가 도입될 경우 어떠한 방향성으로 각 계급이 개편되어야 한다고 여기는지 서술하고자 한다. 장교의 시작인 위관급 장교와 장교의 허리에 해당하는 영관급 장교에 대한 개편 방향성의 경우, 우선 학군사관이 본래의 용도로 돌아가야 할 것이다. 한국의 학생 군사 교육단이 현재와 같이 훈련을 받은 후 현역으로 임관하는 제도로 자리잡은 이유가 바로 징병제라는 병역제도에서 기인하는 것이므로, 모병제를 도입할 경우 학군사관에서 훈련을 수료하여 전원 예비역 소위로 임관한 후, 예비군 훈련만을 수행하다가 현역 전환 지원을 자청한 인원에 한하여 현역으로 배치되는 형태로 개편되어야 할 것이다. 실제로 모병제를 채택한 국가의 경우 직업 군인이라는 특성상 현역과 예비역의 전환이 매우 자유로우며, 예비역으로 진급한 계급을 현역 전환 시에도 인정하는 제도를 채택하고 있기 때문이다. 마찬가지로 대다수의 모병제 군대처럼 병사 출신으로 장교 양성 과정에 지원하여 위관급 장교가 되고 이후 영관급 장교, 장성급 장교로 진급할 수 있는 시스템 또한 만들어 나가야 한다고 판단된다. 상병~병장 내지 하사 계급으로 복무하고 있을 때 장교로의 장기 복무에 지원할 수 있는 미군의 OCS/OTS 제도와 GTG(간부사관) 제도를 참고하여 사병 출신 장성 또한 한국군에서 많이 나올 수 있게 하는, 즉 병사에서 장교가 되는 방법이 현재보다 다양하게 보장되는 군대로 변모하여야 한다고 본 단체는 여긴다. 그리고 현재 한국군은 징병제라는 특성에서 기인하여 장교의 교체 비율이 상당히 높은 상황이 지속되고 있는데, 통계상으로 육군 기준 1년에 약 15퍼센트의 장교가 교체된다고 한다. 이는 군인 개개인의 숙련도가 중시되는 현대전 패러다임에 비추어 보았을 때 적절하지 않은 현상임에 분명하다. 따라서 본 단체는 모병제를 도입하는 과정에서 장교의 교체율을 현저히 낮춰야 하며, 최소한 장교가 되고자 하는 군인이 5년~10년 이상 복무하고 제대하는 구조가 만들어지도록 하여 장기 복무를 용이하게 하고, 장교 계급의 직업 안정성을 극대화하는 동시에 군의 정예성을 더욱 확보할 필요성이 대두된다고 여긴다.

9-5. 전 계급 공통적용사항

이번 9-5장에서는 앞서 서술한 내용을 포함하여, 병부터 장교에 이르기까지 모든 군 계급을 아울러 공통적으로 본 단체가 모병제 도입 이후에 적용되어야 한다고 여기는, 혹은 적용되었으면 하는 사항들을 언급하고자 한다.

첫 번째로는 군인양성과정(훈련병, 사관후보생 등)을 통과하고 복무 중 각종 결격사유가 없는 한 동일 계급에서 정년에 이르기까지 장기 복무할 수 있도록 계급 정년제를 폐지하는 방향성으로 나아가야 한다는 것이다. 이는 일반 공무원과 마찬가지로 군인 또한 한 계급에서 진급하지 않고 오래 머무르더라도 정년을 보장하여 군인의 유출을 가급적 최소화하는 방식이다. 실제로 미군, 프랑스군을 포함한 상당수 모병제 군대의 경우 전 계급의 정년이 만 60세 정도에서 크게 벗어나지 않는 형태의 복무 제도를 채택하여 운영하고 있다.

두 번째로는 모병제 하에서의 군인은 전원이 노동강도가 매우 높고, 더욱 긴 복무기간을 가져야 하며, 업무의 특성상 그 위험성이 상당한 특수직공무원에 해당하므로 군인으로 입대하는 경우 국가적 예우 차원에서 군인 개개인에게 일반 민간인에 비해 훨씬 더 높은 수준의 세제 혜택, 소득에 대한 면세 혜택을 부여하고, 군인 연금 지급 대상을 확대하는 등 군인에 대한 복지를 획기적으로 강화할 것을 본 단체는 제안한다. 모병제에 대한 찬반 의견에 관계없이 현재 한국군의 경우 군인에 대한 복지가 심하게 미흡하고 이로 인하여 군인에 대한 사회적 인식이 부정적 형태로 변화되었다는 점을 부정하는 여론은 찾기 어렵다. 모병제 반대론 중에서는 "이토록 군인에 대한 처우와 복지가 열악한데 누가 군대에 오려고 하겠느냐" 라는 관측 또한 있을 정도이다. 그러니 모병제를 도입한다면 군인으로써 자부심을 느낄 정도의 처우가 보장되어야 할 뿐만이 아니라, 현역과 예비역의 전환을 유연하게 만들어야 하는 모병제의 특성상 군에서 전역한 예비역에 대한 대우와 복지 또한 중시해야 할 필요성이 있다. 또한 군인은 안보를 위하여 없어서는 안 되는 제일의 중요성을 가지는 인력으로써 그 전문성이 확연하여 진입 장벽이 낮지 않은 동시에 위험성을 필연적으로 담보하는 업무 환경, 상명하복 체계 등등의 요소로 인하여 쉽게 자원하기 어려운 직업에 해당하므로, 모병제의 항구적인 정착을 위해서는 광범위한 세제 혜택과 연금 제도로써 군 복무에 대한 '메리트'를 부여하여 군인에 대한 사회적 인식 개선이 이룩될 수 있도록 함과 동시에 군인이 됨으로써 삶의 질을 향상시킬 수 있다는 기대감, 즉 입대에 대한 '동기 부여' 가 청년들에게 이뤄질 수 있도록 해야 할 필요성이 대두된다고 본 단체는 판단한다.

세 번째로는 모든 계급을 막론하고 현재의 방식, 즉 일찍 들어온 사람이 윗사람이 되는 기수 제도에서 오로지 계급과 능력, 상급자가 될 자질이 될 사람만 진급하도록 하여 상급자와 하급자를 명확히 계급으로 구분하는 계급동기제로 개편하는 것이 필수적이라고 여긴다. 이는 모병제를 도입하기 위해서 필수적으로 이뤄져야 할 선행 과제에 해당하며, 모병제를 항구적으로 정착시키기 위해서 가장 시급하게 도입해야 하는 제도에 해당한다. 한국군의 호봉제 위계서열은 그 폐해가 굉장히 심각한 수준에 이르러 자신보다 군번이 낮다는 이유로 상급자를 하대하는 문화가 비일비재한 상황이다. 군대 내에서 소위 '짬순' 이 개입하는 제도와 문화가 이어지는 한 절대로 모병제를 정착시킬 수 없다고 본 단체는 여기며, 순수한 군인 자신의 역량에 기반한 진급, 역량에 기반한 지휘 계통 확립과, 기수에 상관없이 상급자가 상급자로써 그 권한과 책임을 가지고 복무를 이행하게 함과 동시에 순수히 능력, 성과에 기반한 진급을 가능케 하는 것이 모병제 하에서는 무엇보다 중요한 요소라고 판단하며, 이러한 개혁은 오직 계급동기제 하에서만 제대로 이루어질 수 있는 개혁이라고 본 단체는 여긴다.

9-6. 모병제 하에서 최초 입대 가능 연령 · 학력 설정

본 단체에서는 직업병 제도 도입 및 모병제 도입에 따라 개개인이 최초로 입대 가능한 연령을 보다 넓은 기준으로 설정해야 한다고 간주한다.

본 단체는 직업병 제도 도입 이후부터 완전한 모병제 도입 이전까지는 병 계급의 경우 직업병에 한하여 훈련병으로 입대가 가능한 연령과 학력의 하한선을 최소 만16세, 중졸 또는 그와 동등한 학력을 인정받는 자로 규정하고 완전한 모병제 도입 이후에는 병 계급 전체에 대하여 바로 앞에서 언급한 것과 같이 만 16세, 중졸 또는 그와 동등한 학력보유자라면 입대 지원을 받는 방안으로 입대 기준을 확대 개편하여야 한다고 여긴다. 모병제 하에서의 병 계급으로의 최초 입대 가능 연령을 만 16세로 정의한 근거로는 국제법상 모병제 인원의 경우 만15세 미만은 모병제나 징병제 여부를 떠나 군대에 입대할 수 없다는 일명 "소년병" 방지원칙이 존재하기 때문이며, 실제로 타 모병제 군대 역시 만 16~17세 정도부터 입대를 허용하는 선례 또한 존재하기 때문이다(단, 나이나 학력이 고졸 미만일 경우 군 내부의 교육기관에서 장기간 이수를 선행하는 경우도 있다고 한다) 모병제 하에서의 병 입대 지원이 가능한 학력 하한선을 중졸 또는 이와 동등한 학력보유자로 제안하는 이유는 현재 초등학교 졸업이라는 최소한의 학력 제한조차 없어져 버린 징병제에 비하여 모병제 도입이 일각에서 제기되는 병 계급의 지능적인 면에서의 하락, 즉 병사 개개인의 질적 수준 하락이라는 문제를 최소화할 수 있다는 판단에서 근거하였다. 또한 직업병 제도 도입 이후부터 완전한 모병제 도입 이전까지 직업병으로 입대 가능한 연령의 상한선은 경찰공무원, 소방공무원의 경우와 동일하게 최대 만40세로 대폭 상향 조정할 필요가 있으며, 또한 완전한 모병제 도입 이후에는 이러한 입대 가능 연령 상한선을 병 계급 전체에 대하여 최대 만 40세라는 기준을 적용시키는 것이 타당하다고 여긴다.

준위의 경우 앞서 소제목 9-3장에서 언급한 하위 계급에서 복무중인 군인들의 지원 사례를 제외하고 설명할 것이다. 민간에서 바로 준위로 임관하는 경우 입대 가능한 연령과 학력의 하한선을 최소 만18세, 고졸 또는 그와 동등한 학력보유자로 정하는 것이 타당하다. 준위로의 최초 입대 가능 연령과 학력을 만18세, 고졸 또는 이와 동등한 학력보유자로 정의한 근거로는 준사관의 경우 보통 기술자격을 기반으로 한 실무 중심 인력을 선발해야 한다는 점을 감안할 때 중졸 또는 이와 동등한 학력을 기준하는 경우 양질의 기술자격을 보유한 인력을 확보하기에 어려움이 따를 것으로 본 단체는 판단하였기 때문이다. 입대 가능 연령 상한선의 경우 준사관의 경우 역시 앞선 병 계급에서의 사례를 따라 만 40세로 규정하여도 무방할 것으로 본 단체는 간주한다.

장교의 경우 사관학교 과정을 밟아 입관하는 경우와 사관후보생 자격으로 입대하거나 훈련을 받는 등의 경우로 크게 나누어 최소 입대 가능 연령 및 학력 기준을 다르게 정의하여야 한다고 간주한다. 사관학교 과정으로 입교하여 장교로 임관하는 경우, 연령에 대한 하한선은 현재와 동일한 기준을 적용하되 연령 상한선 기준을 모병제 도입 이후 앞서 서술한 병 계급의 시작인 훈련병으로 입대하는 경우와 동일한 수준으로 확대하고, 학력에 대하여는 병/부사관 입대의 경우보다 더 높은 하한선을 적용하여 최소 만17세, 고졸 또는 그와 동등한 학력을 인정받는 자를 기준으로 최대 만 40세까지를 상한선으로 규정하는 방안을 제안한다. 학사사관으로 입대하는 경우 최소 만22세, 대학졸업자 또는 이와 동등한 학력을 하한선으로, 최대 만40세를 상한선으로 규정하는 방안을 제안한다. 아울러 학생군사교육단, 줄여서

학군사관으로 입대하는 경우 최소 만 18세, 대학 재학자 또는 이와 동등한 학력보유자를 하한선으로 최대 만 40세를 상한선으로 규정하는 방안을 제안한다.

10. 보충역 제도의 폐지 및 기존 보충역 대상자 면제처리

본 단체에서는 직업병 제도 도입과 동시에 신체적 조건 혹은 정신적 조건 등등의 이유로 인하여 현역 복무에 부적합하다고 판단되는 인원을 사회복무요원으로써 병역의무를 이행하게 하는 제도를 즉시 폐지하고, 보충역으로 복무하고 있거나 복무할 예정인 인원에 대하여 즉각 완전한 병역 면제 처리가 이루어져야 한다고 여긴다. 사회복무요원 제도는 단지 군 복무를 현역으로 이행하지 않는다는 이유로 그 형평성을 유지해야 한다는 명목 아래 부당하게 행해지는 강제 노동에 해당한다고 본 단체는 정의하고 있다. 따라서 모병제의 시작인 직업병 제도의 도입과 동시에 보충역 제도는 즉각 폐지되어야 마땅하며 동시에 보충역으로 복무하는 중이거나 복무할 예정에 있는 인원에 대한 완전한 병역 면제 절차가 조속히 이루어져야 한다고 여긴다.

11. 예비군 제도 변화

이번 장에서는 징병제 폐지 및 모병제 도입에 앞선 예비군 제도의 변화 방향을 크게 두 가지 방향으로 언급할 것이다. 징병제에서 모병제로 바꾸는 과정에서 마지막 예비군 인원을 정하는 방법은 중제목 14장, 중제목 15장에서 보다 더 자세히 다룰 것이다.

11-1. 예비군 제도 그 자체의 폐지

소제목 11-1 장에서 다루는 것은 징병제에서 모병제로 전환 시 예비군 제도 그 자체를 완전히 폐지하고 상비군으로만 군 조직을 구성하는 방안에 대하여 서술한다.

기존에 존재하던 예비군 제도의 경우 유사시 상비군 이외의 추가적인 대군의 원활한 유지라는 목적을 갖고 도입되었다. 이를 뒷받침하는 근거가 바로 현역이나 보충역으로 복무 이후 8년동안 예비군으로 빠짐없이 편성한다는 점이 바로 그것이다. 기존 예비군 제도의 유지목적을 자세히 뜯어볼 경우 유사시 북한에 대한 무력 통일을 염두에 두고, 대규모 지상 병력을 동원 가능하도록 이러한 예비군 제도를 상정하였다는 사실을 유추할 수 있다. 본 단체에서는 북한, 중국, 러시아 측에 유사시 전쟁을 개시할 의사가 없다는 것을 보여줄 수 있는 하나의 수단으로서 완전 모병제 도입에 앞서 기존 예비군 제도 그 자체의 완전한 폐지를 통해 상비군과 예비군을 모두 합친 비대한 군 규모를 과감하게 축소하는 것 또한 고려하여 볼 필요가 있는 사항으로 판단한다.

11-2. 예비군 제도를 모병제 기반으로 변환

소제목 11-2장에서는 징병제에서 모병제로 전환될 경우 예비군 제도가 모병제 도입에 맞추어 폐지되지 않고 변환될 경우 어떤 단계와 과정을 밟아서 변화되어야 하는지 서술하고자 한다. 예비군 제도는 모병제 도입에 맞추어 상당히 유연하게 변형되어야 할 필요성이 있음은 자명한 사실이다. 실제로 모병제를 채택한 국가 역시 현역 계급과 예비역 계급을 모두 인정하고, 예비역으로도 진급이 가능하게 하며 현역 복무 전환 시 예비역 계급을 인정하는 등 유연한 운용을 가져가고 있으므로(대표적으로 이러한 제도의 원류 미군이 있다) 우리 군 또한 모병제로 전환된다면 예비군 제도를 더욱 유연하게 가져가야 할 것이다. 더욱 구체적으로 서술하자면, 미군의 경우 현역 입대 뿐만이 아니라 예비역으로도 입대가 가능하며, 현역으로의 전환 역시 상당히 자유로운 편이고 예비역 계급이 현역 전환 시에도 인정된다. 또한 유사시 병력 수의 원활한 확보를 위하여 현역 복무를 하지 않은 사람에 대해서도 예비역으로 미리 선발하여 군사 훈련을 받도록 하고, 전시 상황에 현역으로 전환하는 형태의 제도를 채택한 선례도 존재하기 때문에 모병제 도입 이후 한국군 역시 이러한 선례를 바탕으로 예비군 제도를 더욱 유연하게 다변화하여 정예 강군을 받치는 예비역을 양성하는 것이 가장 이상적이라고 본 단체는 여긴다.

12. 민방위 제도 변화

이번 장에서는 앞서 11장과 같이 징병제 폐지 및 모병제 도입에 앞선 민방위 제도의 변화 방향을 언급할 것이다. 징병제에서 모병제로 바꾸는 과정에서 마지막 민방위 인원을 정하는 방법은 중제목 14장, 중제목 15장에서 보다 더 자세히 다룰 것이다.

12-1. 민방위 제도 그 자체의 폐지

이번 12-1장에서는 민방위 제도 그 자체를 모병제 도입 이후 폐지하는 방안을 서술하며, 민방위 제도를 폐지한다면 어떠한 과정을 거쳐야 하는지도 병행하여 서술한다.

민방위 재도의 경우 1970년대 중반에 박정희 정권 당시 창설되고 나서 형평성이라는 명목 아래 현 병역판정검사 결과 5급에 해당하는 인원에게까지 강제적인 병역의무를 부과하는 수단으로 쓰였고, 또한 현역이나 보충역으로의 복무와 예비군 복무까지 마친 인원에 대해 생업에 추가적인 부담을 가하는 수단으로 사용되었다.

본 단채에서는 완전 모병제 도입에 앞서 민방위 제도 그 자체를 폐지하는 것이야말로 복무대상자들이 실복무 및 예비군 복무 등을 마친 경우에 추가적으로 생업에 지장을 주는 악순환의 고리를 끊을 수 있는 강력한 수단이라 여긴다.

12-2. 민방위 제도를 모병제 기반으로 변화

이번 12-2장에서는 모병제를 도입하고 난 후 민방위 제도가 폐지되지 않고 개편되는 경우 본 단체는 민방위 제도가 어떠한 방향성으로, 어떠한 제도로써 변화할 필요성이 있다고 보는지를 서술하고자 한다. 우선 민방위 제도는 국방부가 아닌 행정안전부 관할이라는 점부터 국방을 위한 제도로써 실효성이 부족하다는 비판을 꾸준히 받아왔다. 게다가 남성만이 그 의무를 진다는 특성상 성평등에 위배된다는 지적이 나오고 있는 것 역시 어제오늘 일이 아니며 강제 참여라는 특성상 자영업자와 같이 쉽사리 자리를 비워서는 안 되는 직종에 종사하는 사람들에게 치명적인 손해를 끼치는 악영향까지도 결코 무시하지 못 할 수준이다. 물론 민방위는 “전시 징집” 을 전제하지 않고 유사시 내부 치안 유지를 위한 목적이 존재하기는 하나, 이러한 문제들이 대두되면서 점차 사이버 교육으로 전환되는 비율이 높아져 가고 있다는 점에서 본 단체는 현재 민방위 제도에 대해 실효성에 대한 의문이 나오지 않을 수 없다고 판단하고 있다. 민방위 제도가 폐지되지 않고 개혁될 경우, 개혁 방향성에 대해서는 민방위에 대한 강제성 자체를 없애는 것이 가장 이상적인 방안이라고 본 단체는 여긴다. 민방위 제도가 현재와 같이 강제성을 보유하게 된 가장 큰 이유이자 명분은 징병제가 유지되고 있기 때문인데, 징병제가 폐지되고 모병제가 도입될 경우 구태여 그 실효성을 의심받고 있는 민방위 참여를 강제하는 법령과 제도를 유지할 이유는 없을 것이라고 판단된다.

13. 모병제 시행에 동반되는 각 군별 편제개편

이번 장에서는 본 단체가 모병제를 도입하고 난 이후, 육군, 해군, 공군별로 나누어 각 군별로 어떠한 세부적인 편제 개편이 모병제 도입 이후 진행되어야 한다고 여기는지를 서술하고자 하며, 비단 군의 조직적 개편에 대해서만이 아닌 종합적이고 총체적인 각 군종의 개편 방향성이 어떻게 전개되어야 한다고 여기는지 또한 서술하고자 한다.

13-1. 육군의 편제개편

우선 모병제를 도입한 이후 가장 전방위적으로 편제 개편이 이루어져야 할 군종은 단언컨대 육군이라고 할 수 있을 것이다. 한국 육군, 더 나아가 한국군의 방향성 자체가 징병제를 기반으로 하는 대규모의 지상 병력을 바탕으로 방위 전략을 세우고 있고, 이에 따라 육군이 해/공군에 비해 비대한 규모를 가지게 되어 예산 분배, 군 인사 등의 중대한 사안에 있어 육군에 그 비율이 편중되는 경향으로 드러나기 때문에 징병제가 폐지될 경우 육군의 대대적인 편제 개편은 불가피하다. 본 단체는 모병제 도입 이후 한국 육군이 종전과 같은 대규모의 병력을 보유하는 것은 사실상 불가능해진다는 것에 기반하여, 미사일 전력, 무인 정찰자산을 필두로 하는 비대칭 전력 위주의 육군으로 재편되어야 한다고 주장한다. 더욱 세부적으로 서술하자면 일선 전방의 완전 기계화 및 유/무인 복합체계 변환을 가속화하고, 철저히 전투를 수행하는 부대에 대해서만 현역 군인으로 유지하도록 하며, 비전투병과, 즉 실전에서 적과 싸우는 역할과 무관한 분야에 대하여는 군무원 인원으로 전환하는 과정을 밟아야 한다고 본 단체는 여긴다. 장병 복지 차원에서 생활관(내무반) 인프라 또한 모병제 도입과 함께 시급히 개선되어야 할 필요가 있는데, 본 단체는 미군의 선례를 따라 공용 공간을 일원화하는 대신 철저히 1인 1침실을 원칙으로 하는 '관사 형태의 생활관' 을 기본으로 마련하여야 한다고 보며, 이는 모병제가 도입될 경우 병력의 숫자가 현재보다 필연적으로 감소할 것을 고려할 때 충분히 가능하다. 아울러 군사 훈련의 비중을 높이고 대민지원의 비중을 낮추며, 군인이 철저히 국방에 관한 업무만을 수행할 수 있도록 하는 환경을 만들어야 한다고 본 단체는 여기는데, 특히 육군은 현재 대한민국 3군을 통틀어 대민 지원과 가장 가까운 위치에 있으며 따라서 국방과 무관한 업무에 강제로 차출, 동원되는 비중이 3군을 통틀어 가장 높은 것이 현실이다. 게다가 현재 대한민국은 징병제를 채택하고 있으며 징병에 대한 권한을 육군만이 보유하였기 때문에 이러한 문제들이 더욱 부각된다. 본 단체는 군이 국방과 무관한 업무에 차출 및 동원되는 일이 최대한 없어야만 정예 강군으로 도약할 수 있다고 여기며, 이러한 개혁의 연장선으로 현역 장교의 업무 역시 국방, 전투에 관련한 요소만으로 국한되어야 한다고 여긴다. 또한 육군은 징병제의 영향으로 상당히 비대한 규모를 유지했으므로, 그 조직 개편에 있어서도 가장 광범위한 수준으로 개편되어야 한다고 본다. 우선, 육군훈련소장, 각 병과학교장(보병학교장, 포병학교장, 기계화학교장 등), 군수사령관 등 전투와 직접적 관련성이 떨어지는 부대의 지휘관을 2급 군무원으로 전환하여 장성급 장교 인원이 줄어드는 병력의 양적 규모에 상응하는 수준으로 감축되어야 한다고 여긴다. 동시에 민간의 비전투분야 개입 비중을 높임으로써 군 특유의 폐쇄성에서 기인하는 병영 부조리 척결에 기여하는 효과 또한 창출할 수 있을 것이라고 여겨진다. 이어서 "준비군단" 을 창설하고 수도방위사령부/동원전력사령부, 1군단/2군단, 3군단/5군단, 7군단/수도군단으로 묶어 총 4개 준비사단을 예하에 두도록 하여, 처음 입대한 자원을 1년 동안 준비 군단에서 복무하게 한 다음 엄정한 심사를 거쳐 직업 군인으로 장기 복무할 수 있도록 하는 시스템을 도입하여 육군의 정예성을 극대화하는 방안을 제안한다.

13-2. 해/공군의 편제개편

이번 장에서는 본 단체가 모병제 도입 이후 해/공군의 편제 개편이 어떠한 방향으로 이루어져야 한다고 여기는지를 서술할 것이다. 해/공군은 비록 징병제 속에서 이뤄진 반강제적 모병의 형태를 띄고 있기는 하지만 징집 권한을 보유하고 있는 육군과 달리 어느 정도의 모병제적 요소가 도입되어 있는 것은 사실이다. 따라서 육군의 편제개편 파트에서 언급한 "병력의 대대적인 감소 및 질적 정예화" 를 주로 상정하기 보다는 "육군에 편중되던 국방의 무게추를 해/공군으로 얼마나 분산시켜야 하는지, 이를 위해서는 어떠한 개편이 이루어져야 하는지" 를 중점적으로 서술하고자 한다. 우선적으로 공군의 경우에는 현재 보유한 전투기 대수에 비하여 이를 2선에서 지원하는 조기경보통제기, 공중급유기 등의 지원 항공전력과 전자전 전투기 부문에서 부족하다는 평가를 받고 있으므로 모병제 도입과 함께 실질적으로 가용 가능한 국방예산의 증가분을 이러한 지원 전력 보충에 대대적으로 투입하여야 한다고 여긴다. 또한 수치상으로는 전투기 전력에 해당하지만 실제로는 현대전에 적합하다고 보기 어려운 노후 전투기의 대체 또한 절실한 상황이며 이러한 부문에 있어서도 모병제 도입 이후 국방예산의 증가분을 투자하여 공군의 종합적인 전투 능력을 극대화해야 한다고 여긴다. 해군의 경우도 보강하여야 하는 부문이 마찬가지로 지원 전력에 해당한다. 특히 군수 지원함 전력에 있어서는 해군이 보유한 전투함에 비하여 그 현황이 상당히 열악함을 부정하지 않을 수 없으며, 따라서 공군과 마찬가지로 해군 또한 국방예산의 증가분을 필연적으로 군수 지원함 전력에 집중 투자하는 것이 필요하다고 여긴다. 또한 경항공모함 건조 등등의 중차대한 전력 증강 필요성이 대두되고 실제로 추진되는 상황에서 해군 항공대의 확대 개편 또한 중요하다고 여긴다. 해군의 독자적 항공 전력 확장은 그 자체로 정예 대양해군으로 도약하는 데 있어 필수적이므로 이러한 부문에 있어서도 투자는 필수적이다. 종합적으로, 모병제 도입 이후 해/공군 개편 방향성의 키포인트는 각 군의 1선 전투기/전투함 전력에 걸맞지 않는 지원기/지원함 전력의 대대적인 보강과 노후 전투기/전투함 교체 사업에 힘을 집중하는 것이라고 할 수 있다.

13-3. 종합적인 군 개편 방향성

이번 장에서는 육군/해군/공군을 통틀어 모병제 도입 이후 어떠한 개편이 중점적으로 이루어져야 한국군이 모병제 하에서 정예 강군으로 도약할 수 있다고 여기는지를 서술하고자 한다. 우선 모병제를 도입하는 데에 있어서 가장 중요한 부분은 병영 부조리의 척결이라고 할 수 있는데, 따라서 병영 부조리의 척결을 위하여 군사 법원을 민간화하고, 구타 및 가혹행위에 대하여 더욱 엄정한 엄벌 기조를 적용토록 하는 동시에 민간의 군 감시 체계가 정립되도록, 또한 내부 고발자를 보호하는 제도가 항구적으로 유지되도록 개편되어야 한다고 본 단체는 주장한다. 이러한 체계적이고 세밀한 형태의 피해자, 내부 고발자 보호와 가해자 엄벌이 없이는 모병제를 도입하더라도 정예 강군으로 도약함이 불가하다고 여긴다. 또한 현재 대한민국 국군은 문민 통제가 제대로 이루어지지 않고 있다고 평가받는데, 모병제를 도입함과 동시에 국방부 문민화가 병행되어야 한다고 본 단체는 여기며, 국방부 장관을 임명하는 데에 있어 군에 전혀 몸담지 않은 민간인 또한 장관으로 임명될 수 있는 제도가 정착되어야 한다고 본다. 앞서 서술하였듯 계급 동기제의 전면 도입 또한 모병제 도입과 군의 정예화에 있어 상당히 중요한 요소라고 본 단체는 평가하며, 계급 동기제 없이는 모병제 도입에 상당한 어려움이 따를 것이라고 여긴다. 또한 본 단체는 하사와 병장 계급 사이에 '준사' 계급을 도입하여 병-부사관 계급 간 소통이 원활하게 이루어지도록 함과 동시에 직업 사병의 정예화를 극대화하는 개편 방안 또한 제안한다. 이러한 준사 계급의 신설을 통하여 사병 계급으로의 장기 복무를 가능하게 하고 전방 지역 방위와 같은 중대한 부문에 준사 계급을 위주로 투입하는 기조를 견지한다면 일선 부대의 정예화를 극히 끌어올릴 수 있다고 본 단체는 여긴다. 아울러 국방부 산하에 육군국/해군국/공군국을 신설하고, 각 군국의 장을 맡는 인원의 자격 하한선을 '전역 이후 의무 복무기간의 2배에 해당하는 기간이 경과한 자' 로 규정하여 군 복무 후 예비역으로 민간에서 활동하는 인원이 각 군의 행정에 개입할 수 있도록 하고, 앞서 서술한 "민간의 군 감시 체계 확립" 을 이룩할 수 있도록 하는 개편 방안 또한 본 단체는 제안하는 바이다.

14. 징병제를 없애고 모병제를 도입하는 본격적 절차

14-1. 즉각적 징병제 폐지 및 모병제 도입

이번 장에서는 모병제를 도입하는 방법 중 하나인 징병제의 즉각적인 폐지 및 모병제 도입에 대해서 서술하고자 한다. 이 방식의 경우 캐나다에서 2차 세계대전 종전과 동시에 징병제를 폐지하고 모병제로 전환한 사례가 대표적이다. 이 경우 즉각적 징병제 폐지 및 모병제 도입 시점을 기준으로 본 단체에서는 이러한 방식의 징병제 폐지 및 모병제 도입이 가장 이상향에 해당한다고 판단한다.

만약 이 방식으로 징병제를 폐지하고 모병제를 도입하는 경우 기존에 현역 등으로 징병되거나 혹은 강제적인 병역의무를 수행하고 있던 인원에 대해서도 즉각적으로 강제적 의무에서 해방하여야 한다고 여긴다.

다만 이 방식의 경우 앞서 8장 등에서 언급하였듯이 직업병 제도 등이 선행되어야 한다는 단점이 있으므로 대한민국에서 이러한 방식의 모병제 도입을 진행하고자 한다면 우선적으로 직업병 제도 도입 및 모든 군인의 직업군인화가 선행되어야 한다고 여긴다.

14-2. 단계적 징병제 폐지 및 모병제 도입- 징모 전환기 추첨 징병

이번 장에서는 모병제를 도입하는 방법 중 단계적 방법, 그 중에서도 징병제에서 모병제로 가는 동안 추첨 징병을 하는 경우에 대해 언급할 것이다. 이 방법을 통해 징병제를 폐지하고 모병제를 도입한 대표적인 국가는 미국이다. 징병제를 폐지하고 모병제를 도입하는 과정을 초단기간에 즉각적으로 전 군에 적용토록 하는 것은 현실적인 애로사항이 한두 가지가 아니라는 점을 감안하였을 때, 단계적으로 징병제적 요소를 제거하고 모병제적 요소를 도입함으로써 소위 '로우 리스크-하이 리턴' 에 가까워질 수 있도록 하는 방안 또한 고려해야 함에는 의심의 여지가 없음이 사실이다. 우선 즉각적 징병제 폐지 파트에서 서술하였듯이 징병제 폐지를 위해서는 직업 병 제도 도입이 최우선적으로 선행되어야 하는 것은 틀림없는 공통점이라고 볼 수 있다. 이제부터는 구체적으로 어떠한 단계를 순차적으로 밟아 나가 완전 모병제에 도달하여야 하는지 서술하고자 한다. 먼저 장병에 대한 대대적인 복지 향상 및 징집병의 의무복무기간 단축이 1단계라고 볼 수 있는데, 병 계급의 인원이 사용하는 생활관의 구조부터 이전 목차에서 서술하였던 '최소한의 공용 공간 일원화' 만을 전제한 독방 구조로 개편하는 과정이 진행되어야 한다. 또한 여러 징병제 환원 군대가 보장하는 일과 후 외출의 자유 허용/주말 전면 휴가화를 이룩하는 한편 징집병의 의무 복무기간을 1년 이하로 단축하여 직업 병 제도의 도입과 함께 최대한의 자유를 보장하는 징모 혼합제의 형태를 우선적으로 마련하여야 한다고 본 단체는 주장한다. 또한 직업병과 징집병에 관계없이, 월급을 기준으로 하였을 때 실질 월 수령액이 이등병 기준 9급 공무원의 실질 월 수령액에 근접하는 수준으로 도달하여야 한다고 여긴다. 아울러 복무 기간의 단축에서 국한되지 않고 병역판정검사 기준 자체를 대폭 수정하여 징집률 자체를 크게 낮출 필요 또한 존재한다. 한국의 징병제가 가지고 있는 최대 문제점 중 하나는 바로 인적 자원의 양에만 치중한 나머지 병 인원의 질적 수준을 담보하지 못하는 상태가 오랫동안 이어져 왔다는 점인데, 이는 인구 감소에 대한 거시적 대응 방안, 즉 모병제 도입 계획이 부재한 상태에서 양적 수준을 유지하기 위하여 신체, 정신적으로 복무에 부적격한 특성을 가지고 있는 인원조차 가리지 않고 징병하고 있는 문제에서 기인한다. 따라서 양적 열위를 질적 우위로 상쇄하는 방향성으로 나아가는 것을 기본으로 하는 완전 모병제로의 전환 이전에 징집 기준 자체를 대폭 수정하면서 모병제를 준비해야 한다는 것을 본 단체는 강조한다. 이러한 준비 과정을 거친 후 비로소 추첨 징병 단계로 나아갈 수가 있다.

추첨 징병 기간 및 절차는 다음과 같이 하는 것을 제안한다.

추첨 징병을 시행하는 기간은 직업병 제도를 도입하는 해를 포함하여 3년간 시행한다. 앞서 언급한 단기 징집병 인원의 복무기간 단축을 감안한다면, 3년이란 기간은 징병 개시절차가 진행되고 마지막으로 징병된 인원이 순차적으로 복무 수행 후 전역하는, 즉 마지막 4년차를 포함한 기간이다. 또한 추첨 징병을 시행하는 3년 동안 매년 징집 연령에 도달하는 인원 중 실제 복무하는 인원이 차지하는 비율을 첫 해에 60% 수준으로, 두 번째 해에 35% 수준으로, 마지막 징병개시가 이뤄지는 해에 10% 수준까지 순차적으로 하향 조정하는 방안을 제안한다.

추첨 징병을 시행하는 절차는 3단계로 구성한다. 1차 추첨절차, 병역판정검사 절차, 2차 추첨절차가 바로 그것이다. 우선 추첨 징병을 시행하는 방식은 현재 징모 혼합제를 시행중인 멕시코군의 방식을 참고로 하였다. 1차 추첨절차와 2차 추첨절차의 경우 병역대상자 흰색, 병역면제자 검은색의 방식으로 속이 보이지 않는 캡슐 내부에 각 색깔의 공을 넣는다. 1차 추첨절차에서는 첫 해 65%, 다음 해 45%, 마지막 해 15%를 병역판정검사 대상자로 선정한다. 다음으로, 1차 추첨절차에서 병역판정검사 대상자로 선정된 인원에 한하여 병역판정검사에서 신체/정신적으로 복무 수행이 불가능한 자원을 제외한 후 1차 추첨과 동일한 방법의 2차 추첨을 통하여 징집병으로 단기간 복무할 인원, 과도기의 징병예비군으로 복무할 인원, 과도기의 징병 기반 민방위로 복무할 인원을 최종 결정하는 방식이다. 상술하였듯 미군은 실제로 이러한 추첨 징병 방식을 채택하는 징모 혼합 과도기를 거친 바 있으며, 태국군 및 멕시코군과 같이 현재에도 추첨 징병을 실시하는 경우 또한 존재하므로, 징병제적 요소를 단계적으로 없앤 다음 모병제를 도입하는 방식의 이상향은 이러한 추첨 징병이라고 볼 수 있다.

14-3. 입법부 주도로 징병제를 모병제로 바꾸는 방법

이번 소제목 장에서는 입법부인 국회에서의 주도로 징병제를 모병제로 바꾸는 방법의 근거가 되는 법령 상 조항에 대해 먼저 언급하고 입법부 권한을 활용하여 징병제를 모병제로 바꾸는 방법에 대해 언급할 것이다.

지금부터는 국회 권한을 활용하여 징병제를 모병제로 바꾸는 방법의 절차적인 면을 최대한 풀어서 설명할 것이다. 절차적인 부분은 부록 B. 참고문헌 등 항목의 14-3장에 나온 국회법률정보시스템을 참고로 하였다.

1. 군인사법 법률안에 '직업병 제도 도입'을 골자로 하는 내용을 포함시킨다. 동시에 병역법 법률안에는 복무기간을 1년 이하로 단축시키는 내용을 포함시킨다.

2. 병역법을 총체적으로 개정한다. 우선 징집에 관한 법률안을 직업 병 제도 도입을 포함하는 형태로 개정하거나 징집에 대한 내용을 삭제하는 형태로 개정한다.

3. 병역법에 명시되어 있는 학생군사교육단 복무 및 전문사관 복무에 관한 내용 또한 상술하였던 모병제를 시행할 때의 편제 개편에 따라 이에 걸맞는 개정을 진행한다.

입법부 주도로 징병제를 모병제로 바꾸는 방법의 유일한 단점으로는 입법부 차원에서 발의한 법률안이 국회 본회의애서 통과하였다고 하더라도 법률안 통과 시점을 기준으로 군 통수권을 잡고 있는 행정부의 수반인 대통령이 법률안 거부권을 행사할 경우 입법부 주도의 모병제 추진이 한 층 어려워질 수 있다는 점이다. 물론 법률안 재의요구권은 대통령이라 할지라도 1번밖에 행사할 수 없는 권한이기는 하지만, 여소야대 국면에서는 이러한 형태의, 즉 법률안 개정안이 통과되는 입법부 주도의 모병제 도입이 쉽지는 않을 것이라는 점을 미루어 짐작할 수는 있다.
또한 입법부 주도로 징병제를 모병제로 바꾸는 방법은 크게 두 가지로 나뉜다.

하나는 개헌 없이 병역법, 예비군법, 민방위기본법 이 세 법률 및 위 세 법률에 동반되는 시행령, 시행규칙, 그리고 위 법령에 수반되는 행정규칙 모두를 개정함으로써 징병제를 모병제로 바꾸는 방법이다. 이는 병역의무 개념이 남아있는 미국의 사례와 유사하다고 볼 수 있다.

다른 하나는 첫 번째 방법과 더불어 개헌을 같이 진행함으로써 징병제를 모병제로 바꿈과 동시에 모병제가 완전히 정착하도록 하는 방법이다. 이는 병역의무 개념 자체가 법적으로 존재하지 않는 캐나다의 사례와 유사하다고 볼 수 있다.

부록 A.에서는 위의 두 가지 방법에 대해 모두 소개할 것이다. 캐나다처럼 법적으로 병역의무 개념이 존재하지 않도록 모병제로 바꾸는 방법은 아래와 같다.

첫째, 현재 징병제의 기반이 되는 병역법, 예비군법, 민방위기본법 세 법률을 완전히 폐지하는 의안을 국회에서 통과시킨다. 동시에 세 법률의 하위 법령인 각 법률의 시행령, 시행규칙 모두를 폐지한다.

둘째, 현재 징병제 하에서의 의무복무를 규정한 위 세 법령 대신 모병제 하에서의 군복무를 규정한 모병제법을 제정하는 의안을 국회에서 통과시킨다. 그와 동시에 해당 법률의 시행령과 시행규칙 또한 제정한다.

셋째, 군인사법과 군인사법의 하위 법령인 군인사법 시행령, 군인사법 시행규칙을 모병제에 맞게 개편한다.

넷째, 개헌을 통해 헌법 상에 명시된 병역의무 조문을 삭제한다.

미국처럼 법적으로 병역의무 개념을 남기면서 모병제로 바꾸는 방법은 아래와 같다.

첫째, 현 징병제를 유지하는 기반인 병역법, 예비군법, 민방위기본법을 폐지한다. 이때 세 법률의 하위 시행령, 시행규칙 또한 당연 폐지한다.

둘째, 기존 병역법 및 예비군법을 대신하여 모병제 하에서의 군복무를 규정한 모병제법을 제정한다. 동시에 모병제법의 시행령과 시행규칙을 제정한다.

셋째, 기존 민방위기본법을 대신하여 자원자로만 민방위를 구성하는 법률을 제정한다. 해당 법률에도 하위 시행령, 시행규칙을 제정한다.

넷째, 앞서 캐나다처럼 모병제를 하는 방법의 셋째 항목을 참고하여 군인사법, 군인사법 시행령, 군인사법 시행규칙 모두를 모병제에 맞게 개편한다.

14-4. 행정부 주도로 징병제를 모병제로 바꾸는 방법

이번 장에서는 행정부 주도로 징병제를 폐지하고 모병제로 병역제도를 전환하는 방법에 대해서 서술하고자 한다. 군 통수권을 행정부의 수반인 대통령이 보유하고 있다는 점에서 입법부 주도로 모병제를 도입하는 방법에 비하면 리스크가 적고, 대통령의 모병제 추진 의지가 충만하다는 전제 하에 성공률 또한 확실히 높다는 것이 장점이다. 또한 정부가 직접 법률안을 국회에 제출하는 것 또한 가능하기 때문에, 국회와의 협력을 통해 제도와 법령을 동시에 수정하는 등 추진 속도에 박차를 가하는 것 역시 가능해진다. 정부가 주도하는 징병제 폐지의 경우, 우선적으로 병역판정검사에 대한 기준 수정 및 징집률 감소부터 제일 먼저 이루어져야 할 것이고 징집률이 0에 수렴하는 시기에 병무청을 폐지하는 절차 또한 병행되어야 한다고 본 단체는 여긴다. 상술하였던 국방부 문민화 또한 직업 병 제도를 도입하면서부터 준비되어야 하는 것은 물론이다. 행정부 주도의 모병제 전환은 그 방향성 측면에서 일관되게 모병제를 추진할 수 있고 입법부와의 협력 측면에서도 용이하나, 대통령 중심제의 특성상 대통령의 모병제에 대한 의지가 확실치 않다면 추진이 불투명해진다는 단점 또한 존재한다고 볼 수 있다. 그러나 대통령의 모병제 도입 의지가 확실하다는 전제하에서는 가장 이상적인 모병제 전환 방법이라고 본 단체는 여긴다.

또한 행정부 주도로 징병제를 모병제로 바꾸는 방법은 국무총리 권한 또한 개입 가능한 민방위 제도를 개편하는 경우를 제외하고는 오직 대통령 권한을 활용하는 것이 가장 확실하고 빠른 방법이다. 아래 내용은 행정부 주도의 모병제 도입을 하는 것과 관련되어 대한민국헌법에 나온 대통령 권한과 국무총리 권한이다.

대통령 권한

대한민국헌법(이하 '헌법') 상 권한

헌법 제47조 제1항 국회의 정기회는 법률이 정하는 바에 의하여 매년 1회 집회되며, 국회의 임시회는 대통령 또는 국회재적의원 4분의 1 이상의 요구에 의하여 집회된다.

헌법 제47조 제3항 대통령이 임시회의 집회를 요구할 때에는 기간과 집회요구의 이유를 명시하여야 한다.

헌법 제52조 국회의원과 정부는 법률안을 제출할 수 있다.

헌법 제66조 제4항 행정권은 대통령을 수반으로 하는 정부에 속한다.

헌법 제72조 대통령은 필요하다고 인정할 때에는 외교·국방·통일 기타 국가안위에 관한 중요정책을 국민투표에 붙일 수 있다.

헌법 제74조 대통령은 헌법과 법률이 정하는 바에 의하여 국군을 통수한다.

헌법 제75조 대통령은 법률에서 구체적으로 범위를 정하여 위임받은 사항과 법률을 집행하기 위하여 필요한 사항에 관하여 대통령령을 발할 수 있다.

헌법 제78조 대통령은 헌법과 법률이 정하는 바에 의하여 공무원을 임면한다.

헌법 제79조 제1항 대통령은 법률이 정하는 바에 의하여 사면·감형 또는 복권을 명할 수 있다.

헌법 제81조 대통령은 국회에 출석하여 발언하거나 서한으로 의견을 표시할 수 있다.

헌법 제82조 대통령의 국법상 행위는 문서로써 하며, 이 문서에는 국무총리와 관계 국무위원이 부서한다. 군사에 관한 것도 또한 같다.

헌법 제86조 국무총리는 국회의 동의를 얻어 대통령이 임명한다.

헌법 제87조 국무총리는 대통령을 보좌하며, 행정에 관하여 대통령의 명을 받아 행정각부를 통할한다.

헌법 제88조 제1항 국무회의는 정부의 권한에 속하는 중요한 정책을 심의한다.

헌법 제89조 다음 사항은 국무회의의 심의를 거쳐야 한다.

제1호 국정의 기본계획과 정부의 일반정책

제3호 헌법개정안·국민투표안·조약안·법률안 및 대통령령안

제6호 군사에 관한 중요사항

제7호 국회의 임시회 집회의 요구

제9호 사면·감형과 복권

제10호 행정각부간의 권한의 획정

제11호 정부 안의 권한의 위임 또는 배정에 관한 기본계획

제12호 국정처리상황의 평가·분석

제13호 행정각부의 중요한 정책의 수립과 조정

제15호 정부에 제출 또는 회부된 정부의 정책에 관계되는 청원의 심사

제16호 검찰총장·합동참모의장·각군참모총장·국립대학교총장·대사 기타 법률이 정한 공무원과 국영기업체관리자의 임명

제17호 기타 대통령·국무총리 또는 국무위원이 제출한 사항

헌법 제91조 제2항 국가안전보장회의는 대통령이 주재한다.

헌법 제94조 행정각부의 장은 국무위원 중에서 국무총리의 제청으로 대통령이 임명한다.

헌법 제95조 국무총리 또는 행정각부의 장은 소관사무에 관하여 법률이나 대통령령의 위임 또는 직권으로 총리령 또는 부령을 발할 수 있다.

헌법 제128조 제1항 헌법개정은 국회재적의원 과반수 또는 대통령의 발의로 제안된다.

국무총리 권한

대한민국헌법(이하 '헌법') 상 권한

헌법 제62조 국무총리 · 국무위원 또는 정부위원은 국회나 그 위원회에 출석하여 국정처리상황을 보고하거나 의견을 진술하고 질문에 응답할 수 있다.

헌법 제87조 제3항 국무총리는 국무위원의 해임을 대통령에게 건의할 수 있다.

헌법 제89조 다음 사항은 국무회의의 심의를 거쳐야 한다.

제6호 군사에 관한 중요사항

제10호 행정각부간의 권한의 획정

제11호 정부 안의 권한의 위임 또는 배정에 관한 기본계획

제12호 국정처리상황의 평가 · 분석

제13호 행정각부의 중요한 정책의 수립과 조정

제15호 기타 대통령 · 국무총리 또는 국무위원이 제출한 사항

헌법 제94조 행정각부의 장은 국무위원 중에서 국무총리의 제청으로 대통령이 임명한다

헌법 제95조 국무총리 또는 행정각부의 장은 소관사무에 관하여

법률이나 대통령령의 위임 또는 직권으로 총리령 또는 부령을 발할 수 있다.

15. 모병제 적용 대상에 대한 제언

이번 중제목 15장에서는 징병제를 폐지하고 모병제로 전환 시 모병제의 적용을 받는 대상자에 대한 단체 차원의 제안을 하고자 한다.

완전 모병제 도입 시 캐나다처럼 즉각적인 징병제 폐지 후 모병제 도입을 하는 경우에는 기존에 징병되어서 복무 중인 인원 또한 즉각적으로 전역 또는 소집해제 조치가 이뤄지는 경우를 상정할 수 있으므로 여기서는 주로 단계적 징병제 폐지 및 모병제 도입의 경우에 맞춰 서술하고자 한다. 단계적 징병제 폐지 및 모병제 도입의 경우 크게 두 가지 방안이 존재한다. 하나는 앞서 소제목 14-2장에서 언급한 것과 같이 매년 징병되는 인원 수를 3~4년에 걸쳐 하향 조정하는 추첨 징병 방식이다. 다른 하나는 영국, 이탈리아, 프랑스와 같은 국가들이 택한, 생년월일로 징집 의무 적용 여부를 칼 같이 나누는 방식이다. 본 단체에서는 불가피하게 단계적 징병제 폐지 및 모병제 도입을 진행하는 경우 매년 추첨 징병 인원 수를 크게 감축하여 나가는 방식을 택하는 것이 합당하다고 여긴다. 여기서는 생년월일로 징집 의무의 적용 여부를 나눈 국가들에게서 상대적으로 반발 여론이 강하게 생기지 않을 수 있었던 내막과 생년월일로 병역 의무 적용 여부에 차등을 둔 영국, 이탈리아, 프랑스 등의 국가 방식을 택할 경우 필연적으로 발생할 문제 위주로 서술하려 한다. 우선 생년월일로 병역 의무 적용 여부를 나눈 국가들은 앞 문장에서 언급하였듯이 영국, 이탈리아, 프랑스의 사례가 있다. 하지만 영국의 경우 징병제가 존재하던 기간 동안에도 각종 기술인력이나 병역 거부 등의 사유가 있을 경우에는 군대에 징집되지 않을 수 있는 대체 복무 등의 대안이 현재 대한민국의 경우와는 대조적으로 많이 존재하였다. 프랑스의 경우 징병제 유지 기간 동안에도 매년 현역으로 복무하기로 결정된 인원 비율이 과거 대한민국이 징병제를 막 도입하던 시기와 비슷하였고, 군대와 연관되지 않는 다양한 대체복무 등의 수단이 많이 마련되어 있어 실제 현역으로 복무하는 인원의 비율은 한국의 징집률과는 다르게 굉장히 적었다는 특징이 있다. 영국과 프랑스 사례를 통해 알 수 있는 점은 생년월일로 징집 의무 적용 여부를 차등 적용하는 경우, 그 사회적 반발을 적게 만들고자 한다면 매년 현역으로 복무하는 징집 인원의 비율과 절대적인 인원 수 자체가 압도적으로 낮아야 한다는 것이다. 이탈리아의 경우 앞선 영국 등의 사례에서 한술 더 나아가 징병연령에 최초로 도달한 인원이 각종 사유로 계속 병역연기를 하다가 만 29세까지 병역연기에 성공한 경우 자동으로 병역 완전면제 조치가 취해지는 제도 또한 존재하였다. 이처럼 생년월일로 징집 의무의 적용 여부를 칼 같이 구분하였음에도 사회적 갈등과 반발이 적었던 영국, 프랑스, 이탈리아의 사례는 징병제 시절부터 매년 현역으로 복무해야만 하는 징집 인원의 수와 그 비율이 현저히 낮아야 생년월일로 징집 의무 적용 여부에 차등을 두는 방안에 대해 숙고해볼 수 있다는 것을 증명한다. 또한 생년월일로 징집 의무 적용 여부를 칼 같이 나누는 방식의 문제점은 특정 해를 기준으로 징병연령에 도달한 인원과 아직 도달하지 않은 인원의 생년월일로 징병제 모병제 여부를 나눔으로써 특정 해에 징병연령에 도달하여 있는 인원의 권리를 심각하게 무시하고 침해한다는 것에 그 특징이 있다. 따라서 본 단체는 단계적인 징병제 폐지 및 모병제 도입이라는 전제 하에서는 추첨 징병으로 징모 혼합의 과도기를 거쳐야 한다고 보며, 생년월일 순으로 징병제/모병제 도입을 결정해야 할 경우에는 앞서 서술한 영국, 프랑스, 이탈리아의 사례처럼 다양한 대체복무 수단, 만 29세까지 병역 연기 도달 시 완전 면제 등의 방안으로 징집되어 복무하는 인원의 숫자를 현저히 줄여 나간다는 전제가 성립해야만 생년월일 구분 방식으로 징모 전환기 징집 여부를 결정하도록 하는 방식이 가능할 것이라고 본 단체는 여긴다.

VI

모병제와 그 이후

16. 기존 징병제의 영향을 받은 인원에 대한 배상 등의 각종 조치
17. 모병제 도입 이후 항구적으로 정착시키는 방법

VI

모병제와 그 이후

이번 대제목 VI장의 하위 중제목 장들에서는 완전한 모병제 도입 이후 국가가 필연적으로 행할 내용을 언급할 것이다. 이번 대제목 하에서 언급할 내용은 크게는 두 가지이다. 하나는 징병제의 영향권에 놓임으로 인해 피해를 본 인원에 대한 배상 등의 각종 조치이다. 다른 하나는 완전한 모병제 도입 이후 국가가 필연적으로 모병제 유지를 위해 행해야 할 방향성에 대해 언급할 것이다. 징병제의 영향권에 놓인 인원에 대한 배상 및 보상은 다시 두 가지 경우로 나뉜다. 하나는 기존 징병제 하에서 복무한 인원에 대한 배상 및 보상이다. 또 다른 하나는 병역법, 예비군법, 민방위기본법과 같은 징병제 하에서의 강제적 병역의무 법령 위반에 의해 형사처벌, 범칙금, 과태료 등의 각종 불이익을 받은 인원에 대한 배상 및 명예회복이다.

16. 기존 징병제의 영향을 받은 인원에 대한 배상 등의 각종 조치

아울러 기존 징병제 하에서 병역을 거부한 사람들에 대해 베트남 전쟁 이후 전원 사면 조치를 행한 미국의 선례에서 한 발 더 나아가 현역 복무 뿐 아니라 보충역 복무를 수행한 인원, 예비군 동원에 관한 제도 등으로 인하여 부당한 피해를 받은 인원, 현행 징병제 하에서 병역법 등의 징병제 관련 법률에 의해 불이익 및 처벌을 받은 인원에 대해서도 명예 회복 및 배상 조치가 이루어져야 한다고 본 단체는 여긴다. 징병제로 인해 발생하는 피해는 비단 군 복무라는 점에만 국한되는 것이 아니며, 병역 의무에서 벗어난 이후에도 소위 "군대 꿈" 이라 불리는 트라우마 현상부터 심각한 외상 후 스트레스 장애에 이르기까지 수많은 남성에게 신체/정신적 피해를 반드시 입힐 수밖에 없기 때문이다. 우리 군과 사회가 징병제를 "세습화한 부조리"라고 명확히 인식하고 이를 혁파하고자 한다면 기존 징병제로 인한 피해를 입은 사람들에 대한 배상 및 명예 회복이 뒤따르는 것이 당연하다고 본 단체는 여긴다.

본 단체에서는 군인 전원이 지원자로만 이뤄진 완전모병제 도입 이후 바로 다음 문장에서 후술하는 인원에 대해 배상 등이 필히 이뤄져야 한다고 본다.

기존 징병제의 직접적 영향을 받은 인원에 대해 베트남전쟁 이후 병역거부자를 사면조치한 미국 사례에서 더 나가야 하는 이유 명시

1. 기존 징병제 하에서 현역, 보충역으로 복무하였거나 전시근로역으로의 복무를 수행한 인원, 예비군으로의 복무를 수행한 인원에 대한 배상이다.

2. 그동안 징병제 유지 근간이 된 병역법, 예비군법, 민방위기본법 세 법률 상의 처벌조항과 각종 불이익 조항의 영향을 받은 인원에 대한 배상 및 명예회복 등이다.

위의 1번 유형에 해당하는 인원을 좀 더 세분화하면 다음 내용과 같이 정의할 수 있다.

기존 징병제 하에서 현역으로 판정되어 복무하였던 인원의 경우

1. 직업병 제도 도입 이전 병으로 복무하였던 인원

2. 민간부사관 제도 폐지 이전 단기부사관에 해당하는 하사 및 중사 계급까지 복무하였던 인원

3. 단기장교에 해당하는 위관급 장교 계급까지만 복무하였던 인원

기존 징병제 하에서 보충역으로 판정되어 복무하였던 인원의 경우

1. 보충역 판정 후 징병제의 적용을 받고 복무한 인원

기존 징병제 하에서 전시근로역으로 판정되어 복무하였던 인원의 경우

1. 전시근로역 판정 후 징병제의 적용을 받고 이를 수행한 인원

기존 징병제 하에서 예비군으로 복무하였던 인원의 경우는 현역이나 보충역으로 복무하였던 인원을 범위로 잡으면 된다고 판단한다.

위의 2유형에 해당하는 인원의 경우 아래 세부 유형별로 국가가 필히 취해야 할 조치는 아래와 같다.

1. 병역법, 예비군법, 민방위기본법(이하 '세 법률') 상의 벌칙조항으로 인해 형사절차가 개시되어 최종 결과가 기소유예가 나온 경우 직권으로 헌법소원을 통한 기소유예 기록 말소 진행

2. 위 세 법률상의 벌칙조항으로 인해 최종 결과가 벌금형 집행유예 이상의 전과가 남는 결과가 나오거나 선고유예가 나온 경우 재심을 통한 명예회복 및 형사배상을 진행

3. 위 세 법률상의 벌칙조항으로 인해 최종 결과가 과태료나 범칙금 등의 행정벌에 해당하는 결과가 나온 경우 남은 행정질서벌은 말소 및 기존에 부과한 행정벌로 인하여 낸 금액에 대해 국가가 해당 금액만큼 반환

17. 모병제 도입 이후 항구적으로 정착시키는 방법

본 단체에서는 모병제 도입 이후 모병제라는 병역제도를 항구적이고 불변적으로 정착시키기 위해서는 모병제 지원자 충원이 꾸준히 이루어질 수 있도록 국가적인 홍보 및 장병 복지 확대 추진 등을 게을리해서는 안 된다고 판단한다. 모병제 도입 이후 매년 충원되어야 하는 지원자 수는 완전 모병제 도입 초기에는 전체 상비군 인원의 수를 30만명 기준으로 설정하고 이후 주변국과의 관계 개선 등이 활발히 이루어지는 경우 모병제 하에서의 전체 상비군 수를 20만명대 또는 그 이하로 감축하는 방안을 실현하는 것이 타당하다고 간주한다. 대다수의 모병제를 도입한 선진국들이 모병제 전환 이후 30만 명 이하의 상비군 인원을 바탕으로 국방을 수행하고 있는 것이 그 근거이다. 또한 앞서 서술하였던 현역-예비역 전환이 유연하게 이루어질 수 있도록 하는 제도를 바탕으로 하여 양적 열위를 질적 우위로 극대화하는 국방을 수행한다는 정예 강군다운 방향성을 잃어서는 안 된다는 것을 본 단체는 강조한다. 아울러 그간 징병제에 알맞는 편제를 바탕으로 대규모 지상군 위주의 전략을 설정해 왔던 종전과는 사뭇 다른 형태의, 육군에 편중된 국방의 추를 해, 공군으로 대거 분산시키는 형태의 개편 또한 반드시 이루어져야만 모병제가 항구적으로 정착될 수 있을 것이라고 여긴다. 마지막으로, 앞서 여러 차례 서술하였지만 모병제의 도입은 그 자체로 병력의 수를 줄이는 대신 국방 예산의 비약적 증액을 가능하게 한다. 따라서 '질적 우위를 극대화한다' 라는 목표를 관철시키기 위해서는 현재 개발 중인, 혹은 실전 배치 중인 장비들의 도입을 국방 예산 증액을 시작으로 가속화하고, 카탈로그상의 전력에 비해 부실하다고 평가받는 지원, 보급 전력의 대대적인 확충 또한 모병제 도입 이후 이루어져야 한다고 여긴다.

부록

A 각종 계산식

B. 참고문헌 및 각종 링크

부 록

A. 각종 계산식

4장

여성징병제를 포함한 징병제 하에서 징집병 규모 30만 명을 충족시키기 위한 현역판정률 계산법(직업병 제도가 없는 경우를 가정)
= 전체 징집병 규모 30만 명 ÷ 그 해 만 19세에 도달하는 인구수÷징병된 인원 평균 복무기간

5장

100% 모병제 하에서의 1인당 생애 소득
=(1 - 세율 15%)
×(개인의 민간 부문 생애 생산성
→월급 250만원×12개월×생에 소등창출 가능 횟수 50년)
+(군복무 비효용성→모병제 하에서 본봉과 수당 합친 월급 1000만원×12개월)
+(1 - 세율 15%)
×(개인의 민간 부문 생애 생산성
→월급 250만원×12개월×생애 소득창출 가능 횟수 50년)

징병제 하에서의 1인당 생애 소득
=(생애 소득창출 가능 횟수 50년 대비 실제 군복무 기간 18개월이 차지하는 비율 3%)
×(징병제 하에서 군인 급여 평균 - 군복무 비효용성)
+((1 - 세율 15%)
×(1 - 생애 소득창출 가능 횟수 50년 대비 실제 군복무 기간 18개월 차지하는 비율 3%)
×(개인의 민간 부문 생애 생산성
→월급 250만원×12개월×생애 소득창출 가능 횟수 50년)
+{징병의무 없는 여성의 생애소득
→(1 - 세율 15%)
*(개인의 민간 부문 생애 생산성
→월급 250만원×12개월×생애 소득창출 가능횟수 50년}

모병제에서의 기회비용
=(1인당 모병제 생애소득 - 1인당 징병제 생애소득)×대한민국 인구수 5000만 명

모병제 하에서 매년 기회비용=모병제에서의 기회비용÷생애 소득창출 가능 횟수 50년

6장

북한군 수 산출 1=(기존 복무기간 남성 13년, 여성 8년→남성 복무기간 8년, 여성 복무기간 5년) 북한의 실제인구 반영 및 북한군 내 허약 등으로 인해 실제로 현재 군대에 있지 않은 군인 비율 반영(북한군 내 성비는 주성하 기자의 산출 방식대로 남성 대 여성을 7:3의 비율로 가정함)

남성 군인 수= $1280000 \times 0.7 \times \frac{8}{13} \times 0.8 \times 0.8 = 352887$명

여성 군인 수= $1280000 \times 0.3 \times 0.625 \times 0.8 \times 0.8 = 153600$명

합= 50만 6487명

북한군 수 산출 2

주성하 기자 유튜브 채널에 나온 영상에 기반하여 북한군 상비군 병력 수를 80만명으로 놓은 경우 계산법

전체 군인 수= 506487×0.625=31만6555명

16장

100% 지원자 기반 민방위제도 도입 이전 징병기반 민방위로 복무한 인원들에 대한 1인당 기본 배상금액(민방위 1년차 및 2년차)
=(복무년도의 1시간당 최저임금 - (한달 월급×12÷365÷24시간))×4시간×2

100% 지원자 기반 민방위제도 도입 이전 징병기반 민방위로 복무한 인원들에 대한 1인당 기본 배상금액(민방위 3년차 및 4년차)
=(복무년도의 1시간당 최저임금 - (한달 월급×12÷365÷24시간))×2시간×2

100% 지원자 기반 민방위제도 도입 이전 징병기반 민방위로 복무한 인원들에 대한 1인당 기본 배상금액(민방위 5차 이상 인원)
=(복무년도의 1시간당 최저임금 - (한달 월급×12÷365÷24시간))×1시간×(만 40세 도달년도 - 민방위 5년차 도달년도)

병역판정검사 결과 보충역으로 판정나고 보충역으로 복무한 인원들

에 대한 1인당 기본 배상 금액
={복무년도의 1시간당 최저임금 - (한달 월급×12÷365일÷8시간)}
×8시간×각 복무년도의 복무일수

모병제 기반 예비군제도 도입 이전 징병예비군으로 복무한 인원들에 대한 1인당 기본 배상금액
(동원훈련)=(복무년도의 1시간당 최저임금 - (한달 월급×12÷365÷24시간))×72시간×4

모병제 기반 예기분제도 도입 이전 징병예비군으로 복무한 인원들에 대한 1인당 기본 배상금액
(동미참훈련)=(복무년도의 1시간당 최저임금 - (한달 월급×12÷365÷24시간))×96시간×4

모병제 기반 예기분제도 도입 이전 징병예비군으로 복무한 인원들에 대한 1인당 기본 배상금액 (지역예비군훈련_기본훈련)
=(복무년도의 1시간당 최저임금 - (한달 월급×12÷365÷24시간))
×24시간×2

모병제 기반 예기분제도 도입 이전 징병예비군으로 복무한 인원들에 대한 1인당 기본 배상금액 (지역예비군훈련_작계훈련)
=(복무년도의 1시간당 최저임금 - (한달 월급×12÷365÷24시간))
×48시간×2

징병제의 근거가 된 법령 위반으로 과태료나 범칙금을 받은 인원들에 대한 1인당 기본 배상금액=해당 인원이 과태료 및 범칙금 부과를 받은 전체금액

징병제의 근거가 된 법령 위반으로 징역형 실형이나 금고형 실형에 해당하는 형을 받고 해당 형이 확정되어 실제 복역한 인원들에 대한 1인당 기본 배상금액

=복역 일수×배상이 이뤄지는 시점이 포함된 연도 기준 시간당 최저임금×24시간

+각종 소송에 들어간 비용(변호사 비용, 수사기관 출석비용, 법원 출석비용 등의 소모비용) 징병제의 근거가 된 법령 위반으로 벌금형이 확정되어 실제 해당 벌금을 내게 된 인원들에 대한 1인당 기본 배상금액

=그동안 납부하거나 확정된 벌금형에 해당하는 벌금 액수 총합

+각종 소송에 들어간 비용(변호사 비용, 수사기관 출석비용, 법원 출석 비용 등의 소모비용) 징병제의 근거가 된 법령 위반으로 집행유예(실형, 벌금형 둘 다 포함)를 받은 인원들에 대한 1인당 기본배상금액

=각종 소송에 들어간 비용(변호사 비용, 수사기관 출석비용, 법원 출석비용 등의 소모비용) 징병제의 근거가 된 법령 위반으로 기소유예나 선고유예를 받은 인원들에 대한 1인당 기본 배상 금액

=형사절차 단계에서 소모된 비용 총합

직업병 제도 도입 이전 병역판정검사 결과 현역으로 판정나고 병으로 복무한 인원들에 대한 1인당 기본 배상금액

=｛복무년도의 1시간당 최저임금 - (한달 월급×12÷365일÷24시간)｝×24시간×각 복무년도의 복무일수

민간부사관 제도 폐지 이전 단기부사관인 하사 및 중사 계급까지 복무한 인원들에 대한 1인당 기본 배상금액

={복무년도의 1시간당 최저임금 - (한달 월급×12÷365일÷24시간)}×24시간×복무기간 중 최저임금 미만 금액을 받고 복무한 일수

준위로 복무한 인원들 중 월급과 수당을 합친 금액이 최저임금 미만인 호봉까지 복무하였던 인원들에 대한 1인당 기본 배상금액
={복무년도의 1시간당 최저임금 - (한달월급×12÷365÷24시간)}×24시간×각 복무년도별 최저임금 미만 금액을 받고 복무한 일수

단기장교에 해당하는 위관급 장교 계급까지만 복무하였던 인원들에 대한 1인당 기본 배상금액
={각 복무년도의 1시간당 최저임금 - (한달 월급×12÷365일÷24시간)}×24시간×복무기간 중 최저임금 미만 금액을 받고 복무한 일수

17장

각 군별 연간 신규 병 소요
=각 군별 전체 병 규모
÷병으로 입대한 경우 평균적으로 군대에서 복무하는 기간 144개월
÷12개월

각 군별 연간 신규 장교 소요
=각 군별 전체 장교 규모
÷장교로 입대한 경우 평균적으로 군대에서 복무하는 기간 180개월
÷12개월

각 군별 연간 남군 병 소요
=(100% - 각 군별 전체 여군 병 차지비율)×각 군별 전체 병 규모
÷병으로 입대한 경우 평균적으로 군대에서 복무하는 기간 144개월
÷12개월

각 군별 전체 여군 병 소요
=각 군별 전체 여군 병 차지비율×각 군별 전체 병 규모
÷병으로 입대한 경우 평균적으로 군대에서 복무하는 기간 144개월
÷12개월

각 군별 연간 남군 장교 소요
=(100% - 각 군별 전체 여군 장교 차지비율)×각 군별 전체 장교 규모
÷장교로 입대한 경우 평균적으로 군대에서 복무하는 기간 180개월
÷12개월

각 군별 연간 여군 장교 소요
=각 군별 전체 여군 장교 차지비율×각 군별 전체 장교 규모
÷장교로 입대한 경우 평균적으로 군대에서 복무하는 기간 180개월
÷12개월

B. 참고문헌 및 각종 링크

1장

https://avmskorea.weebly.com/

2장

https://www.law.go.kr/법령/병역법/(00041,19490806)

https://www.law.go.kr/법령/병역법시행령/(00281,19500201)

https://www.segye.com/newsView/20230723503888?OutUrl=naver

3장

헌재 2023. 9. 26. 2019헌마423등

https://www.law.go.kr/법령/대한민국헌법

https://www.asiaa.co.kr/news/articleView.html?idxno=123096

4장

나태종 (2016). 입영제도 개선방안 마련에 관한 연구: 현역 복무 부적 합자에 대한 선별 및 조치를 중심으로. [NHRC]국가인권위원회 발간 자료, 0-0.

St'astnfkova, S. (2023). (Gender-Neutral) Conscription in the Nordic Countries' Armed Forces.

https://www.usaspending.gov/agency/department-of - defense?fy=2024

5장

김대일. (2020). 모병제와 징병제의 소득 형평성 비교. 경제학연구, 68(3), 139-179.

https://www.jstor.org/stable/1821607

https://miltonfriedman.hoover.org/internal/media/dispatcher/215099/full

https://www.thecrimson.com/article/1966/12/7/friedman-tells-how-to-end-draft/

6장

https://www.asiapress.org/korean/2021/04/military/heisi/

https://youtu.be/KCLVvd2AVhU?si=hPEhjiYbqHGhcUZA

7장

https://www.huffingtonpost.kr/news/articleView.html?idxno=47400

8장~13장

본 단체 차원의 독자적 주장과 논거를 제시하였으므로 별도의 인용을 진행하지 않음

14장

Granatstein, J. L., Hitsman, J. M. (2015). Broken Promises: A History of Conscription in Canada. 캐나다: Rock's Mills Press.

Lottery. (1970). 미국: Selective Service System.

Semiannual Report of the Director of Selective

Service. (1969). 미국: Selective Service System.
Semiannual Report of the Director of Selective Service. (1970). 미국: Selective Service System.
Semiannual Report of the Director of Selective Service. (1971). 미국: Selective Service System.
Semiannual Report of the Director of Selective Service. (1972). 미국: Selective Service System.
Semiannual Report of the Director of Selective Service. (1973). 미국: Selective Service System.
The All-volunteer Force and the End of the Draft: Special Report of Secretary of Defense Elliot L. Richardson. (1973). 미국: (n.p.).
https://likms.assembly.go.kr/law/lawsLawyInqyInfo1010.do?genActiontypeCd=2ACT6010&genDoctreattypeCd=DOCT3000&genMenuId=menu_serv_nlaw_lawt_6010&procWorkId=
https://www.moleg.go.kr/menu.es?mid=a10105020000

15장

널 보러 왔어. (2019). (n.p.): Teumsae Books.
강현철. (2008). 프랑스 병역제도와 병역법제에 관한 연구.
https://web.archive.org/web/20180617065830/http://www.nsrafa.org/%5CGetSome.aspx

16장

Semiannual Report of the Director of Selective Service.(1974). 미국: Selective Service System

17장

한국국방연구원 주간국방논단 제1657호

도서를 출판하며 남기는 의견

이 도서를 집필하면서 참고한 문헌의 경우 가급적이면 저작권 문제에서 자유로운 동시에 관련한 내용이 세밀하고 객관적인 분석과 이를 뒷받침하는 근거를 충실히 담고 있는 도서, 논문을 주로 포함시켰으며, 가능한 한 다각도로 분석한 데이터를 충실히 담고 있는 자료를 인용하였습니다.

이 도서는 모병제를 위한 전방위적 활동을 위해, 특히 모병제 공약화 및 추진 가속화를 위한 정치인 면담을 위하여 출판 이전부터 제작된 바 있는 본 단체의 모병제 보고서를 바탕으로 하고 있습니다. 보다 더 체계적인 자료 조사 및 정치인 면담을 거치고, 방위산업 민간연구기관과의 업무 협약 등을 진행함으로써 모병제에 대한 세부적이고 전문적인 내용을 더욱 보충할 수 있었고, 모병제 도입을 위한 방법 및 추진 과정에 대한 여러 방법론에 이르기까지 체계적으로 보고서를 수정 및 발전시켜 서적화에 이를 수 있었습니다. 본 단체가 그동안 작성해 왔던 모병제 보고서에 비해 내용적으로 크게 진일보하였으며 참고한 자료 부문에 있어서도 객관성과 전문성을 더욱 확보하였기에, 독자 여러분께 선보여 드리기 충분한 완성도를 확보한 서적이라고 자부할 수 있습니다. 모병제에 대하여 세부적으로, 또한 전문적으로 분석하고 도서로 제작하여 대중에 보급하기 위한 단체 차원에서의 노력이 모병제 보고서 서적화 및 출판이라는 형태로 비로소 빛을 보게 되었습니다. 아울러 보고서 작성 및 도서 제작에 열과 성을 다해 참여하여 주신 모든 모병제추진시민연대 회원분들과, 모병제추진시민연대 와의 업무협약으로 도서 내용에 대한 의견 제시를 담당하여

주시고 세부 사항 보완에 기여하여 주신 최기일 한국방위산업연구소 소장님을 포함한 임직원 여러분께 다시 한 번 진심 어린 감사 인사를 드립니다.

이 책에 서술된 내용과 자료가 왜 모병제 도입이 필요하다고 본 단체가 주장하는지를 가능한 한 많은 독자 여러분들이 더욱 더 깊이 이해하시는 데 도움이 되었으면 한다는 목표 의식을 가지고 본 서적을 집필하였습니다. 특히 징병제가 정치/경제/사회/문화 전반에 걸쳐 총체적인 악영향을 끼치는, 절대로 그 부작용이 안보에만 국한되지 않는다는 점을 강조하여 서술하였습니다. 다만 도서 집필 과정에서 모병제 "보고서"를 근본으로 하는 도서임에도 불구하고, 해외 국가들의 모병제 도입 선례를 강조하였을 뿐 더욱 많은 해외 병역제도 관련 자료들을 담지 못하였던 것에 대해서는 약간의 아쉬움이 남습니다. 이 도서를 바탕으로 사회 각계각층에서 모병제가 더욱 공론화되어 병역제도 개편에 대한 건전한 검증과 토론이 활발히 이루어지기를 소망합니다. 철저한 공론화와 토론, 검증을 바탕으로 하는 모병제로의 병역제도 개편이 이루어져, 모병제가 산적한 수많은 사회 문제를 해결하는 시발점으로써 기능할 수 있기를 바라며, 대한민국 국군이 모병제에 기반한 정예 강군으로의 도약을 이뤄내고 동시에 우리 사회 청년들의 인권이 신장되는 데에 긍정적으로 작용할 수 있기를 진심으로 바랍니다.

아울러 이 책의 내용이 징병제 폐지 및 모병제 도입 여론 공론화의 신호탄이자 완전한 모병제로의 전환, 그리고 항구적인 모병제 정착의 초석이 되기를 바라며, 정치권의 병역제도 개편에 관한 정책 수립에 참고 자료로써 유용하게 활용될 수 있기를 바라고 있습니다.

"이번 도서 검수에 기여하여 주신 모병제추진시민연대 조현철님, 이소연님, 이건희님께 감사 인사를 드립니다."